Beweis

der

von der Begattung unabhängigen periodischen Reifung und Loslösung der Eier

der Säugethiere und des Menschen

als der

ersten Bedingung ihrer Fortpflanzung.

Von

Th. L. W. Bischoff,

Doctor der Medicin und Philosophie, ordentlichem Professor der Medicin und Director des physiologischen Institutes zu Gieſsen, Mitglied einiger gelehrten Gesellschaften.

Gieſsen, 1844.

J. Ricker'sche Buchhandlung.

Wer sich in der Geschichte der Zeugungstheorien umsieht, der mufs bald erkennen, dafs der Grund zu den meisten Irrthümern in diesem Gebiete unzweifelhaft darin liegt und lag, dafs bei den Säugethieren und dem Menschen, welche doch das Interesse am Meisten fesselten, das primitive Bildungsmaterial des künftigen Wesens, das Ei, und seine von der Begattung gänzlich unabhängige Präexistenz in dem Eierstocke unbekannt war. Dieses bedingte einen Unterschied und eine trennende Kluft zwischen den Säugethieren und dem Menschen einer- und den übrigen bekannten Thieren andererseits, welche zwar Viele hypothetisch zu ergänzen und auszufüllen suchten; allein das Gewicht und die Nothwendigkeit der objectiven Nachweisung machte sich mit solchem Nachdrucke geltend, dafs grade die gröfsten und angesehensten Autoritäten im Zweifel und Irrthume blieben. Es möchte wenige Punkte geben, welche die Abhängigkeit menschlicher Erkenntnifs von der objectiven Forschung schlagender darthun, als der hier in Rede stehende. Philosophen, Theologen, Aerzte und Naturforscher aller Jahrhunderte haben sich bemüht, diesen kleinen Mangel der objectiven Nachweisung des Säugethier- und Menscheneies zu überspringen, und all ihr speculatives Denken, alle ihre Combinationen und Theorien führten sie ins Dunkel. Es setzte sich allgemein die Ueberzeugung fest, die Säugethiere und der Mensch machten eine

Ausnahme von der Erzeugungsweise der übrigen organischen Wesen und von den Bedingungen, welchen diese unterworfen sind.

Bei den übrigen, Pflanzen und Thieren, mit Ausnahme verhältnifsmäfsig sehr weniger, sehen wir allgemein, dafs ihre Fortpflanzung daran geknüpft ist, dafs die älteren Stammorganismen gewisse Materien, Eier und Saamen produciren, aus deren gegenseitiger Einwirkung aufeinander der entwicklungsfähige Keim hervorgeht. Wir sehen ferner dabei allgemein, dafs die Bildung und Begegnung dieser beiden Zeugungsmaterien, so nothwendig beide für die Erhaltung der Gattung sind, dennoch ganz unabhängig von einander, und in Beziehung auf einander meist ganz zufällig sind. Die Eier bilden sich und reifen und werden von dem mütterlichen Organismus gewöhnlich zu bestimmten, in regelmäfsigen Zwischenräumen wiederkehrenden Zeiten ausgestofsen, ganz unabhängig von der Bildung und Reifung des Saamens im Männchen, welche entweder ebenfalls periodisch, oder auch continuirlich erfolgt. Durch accessorisch von aufsen hinzukommende Verhältnisse, welche entweder absolut äufsere und ganz zufällige sind, oder durch gewisse, sich gleichzeitig entwickelnde anderweitige Lebensäufserungen herbeigeführt werden, werden beide Materien mit einander in Verbindung gebracht, und dadurch die Keime zu ihrer Entwicklung befähigt. Treten diese Verhältnisse nicht ein, oder entwickelt sich eine Störung in ihnen, so reifen die Zeugungsmaterien nichts destoweniger, und werden abgesondert, obgleich keine entwicklungsfähigen Keime daraus hervorgehen. Beispiele aus der Pflanzen- und niederen Thierwelt, so wie von Fischen, Amphibien und Vögeln, sind zu bekannt, als dafs sie hier einer Erwähnung bedürften.

Bei den Säugethieren und dem Menschen hatte sich die Sache dagegen ganz anders gestaltet. Bei ihnen betrachtete man ganz allgemein die Bildung eines Keimes als den Erfolg der Begattung. Diese sollte hier nicht nur den Zweck haben, den weiblichen

Zeugungsstoff zur Entwicklung zu befähigen, sondern diesen überhaupt erst hervorbringen.

Diese Ansicht hatte allerdings ihren vorzüglichsten Grund in der Unkenntnifs der Präexistenz der weiblichen Zeugungsmaterie, des Eies, vor der Begattung.

Nun entdeckte zwar v. Baer nach Jahrhunderte lang geführten Streitigkeiten endlich 1827 das Eierstockei der Säugethiere und des Menschen, und zugleich in seiner unerwarteten Kleinheit den Grund seiner so langen Verborgenheit. Ich habe mich immer gewundert, dafs diese Entdeckung in einem Gebiete, welches die Menschen zu allen Zeiten so aufserordentlich interessirt hat, kein gröfseres und allgemeineres Aufsehen erregte. Man hat sie Theils angenommen, Theils geläugnet, Theils ignorirt, und nur die Embryologen im engsten Sinne haben sich mit ihr, und zwar nur in ihrer Beziehung zur Entwicklung des Embryo, nicht in Beziehung auf die Theorie der Zeugung überhaupt, beschäftigt. Diese Theorie, die so oft auf ein hypothetisches Ei gebaut worden war, safs zu fest, als dafs sie nicht das Bedürfnifs der Untersuchung, wie sie mit dem Thatsächlichen harmonire, auch noch eine Zeitlang unterdrückt hätte, nachdem dieses Thatsächliche bekannt geworden. Obgleich die Präexistenz des Eies vor und unabhängig von aller Begattung erwiesen war, blieb man dennoch dabei, dafs die Begattung die einzige und nothwendige Bedingung der Reifung und Loslösung eines Eies vom Eierstocke sei und betrachtete alle andern Vorgänge, so deutlich sie auf das Gegentheil hinwiesen, nur aus diesem Gesichtspunkte.

Auch mich beherrschte diese Theorie in dem Grade, dafs sie mich bei meinen früheren Untersuchungen über die Entwicklung der Säugethiere blind leitete. Dieselben gingen zwar vorzugsweise auf die Entwicklung des befruchteten Eies; allein auch der Vorgang der Befruchtung war wesentliches Object derselben, und indem ich die Kenntnifs des Eies benutzte, gelang es mir wohl allerdings, mehrere

Punkte zu berichtigen und aufzuhellen, welche meinen Vorgängern unbekannt geblieben waren. Allein immer beherrschte mich die Ansicht, der Austritt der Eier aus dem Eierstocke, also die erste Bedingung zu ihrer Entwicklung, sei in irgend einer nothwendigen Beziehung zu der Begattung. Wie alle meine Vorgänger suchte ich nur zu ermitteln, wann nach der ersten Begattung bei den Thieren das Ei sich von dem Eierstocke löset, und welche Rolle dabei der Saamen spielte. Ich war so glücklich, auch auf diesem Wege mehrere der wichtigsten Fragen zu entscheiden; ich lieferte den Beweis, dafs der männliche Saamen mit dem Ei in materielle Berührung kommt, und fand durch unzweifelhafte Beobachtungen, dafs der Saamen durch Uterus und Eileiter bis auf den Eierstock dringt. In dem Sinne der alten Lehre stellte ich danach den Satz auf, dafs die Befruchtung des Eies der Säugethiere auf dem Eierstocke erfolgt, und bei verschiedenen Arten von Thieren in verschiedenen Zeiten nach der Begattung, binnen welcher der Saamen bis auf den Eierstock vordringt, die Eier sich von dem Eierstocke loslösen.

Durch fortgesetzte Beobachtungen und Versuche bin ich inzwischen jetzt zu der Ueberzeugung gelangt, dafs zwar die Thatsachen, auf welche ich diesen Satz baute, nach wie vor vollkommen richtig sind, dafs indessen dieser Satz keinesweges das Gesetz der Erzeugung der Säugethiere und des Menschen selbst umfafst, sondern dafs dieses umfassender ist, und sich dem die Erzeugung aller organischen Wesen beherrschenden Gesetze vollkommen anschliefst.

Dieses Gesetz lautet:

„Auch bei den Säugethieren und dem Menschen unterliegen die in den Eierstöcken der weiblichen Individuen sich bildenden Eier einer periodischen Reifung, ganz unabhängig von der Einwirkung des männlichen Saamens. Zu dieser Zeit, welche man bei den Thieren die Brunst, bei dem menschlichen Weibe gewöhnlich die Menstruation nennt, lösen sich diese reifen

Eier von dem Eierstocke und werden ausgestofsen. Zu dieser Zeit äufsert sich auch bei dem weiblichen Thiere allein, bei dem Weibe vorzugsweise der Geschlechtstrieb. Findet die Begattung Statt, so erfolgt durch die materielle Einwirkung des männlichen Saamens auf das Ei, die Befruchtung des letztern. Findet die Begattung nicht Statt, so löset sich das Ei dennoch vom Eierstocke und tritt in den Eileiter, geht aber hier zu Grunde. Die Zeitverhältnisse können hier, obgleich, wie es scheint, bei verschiedenen Thieren in verschiedener, aber doch bestimmter Breite variiren. Der Saamen kann hinlängliche Zeit haben, um bis auf den Eierstock zu gelangen, ehe das Ei austritt. Das Ei kann aber auch schon ausgetreten sein, und der Saamen erreicht es erst in dem Eileiter; immer aber mufs in diesem noch die Einwirkung des Saamens erfolgen, wenn das Ei sich entwickeln soll, welches diese seine Entwicklung schon hier in dem Eileiter beginnt. Nur aber zu dieser Zeit der periodischen Reifung der Eier kann die Begattung eine Befruchtung zur Folge haben."

Ich halte es nicht für nothwendig, hier die Beweise für alle Elemente, welche jenes Gesetz enthält, zu geben, insofern mehrere derselben bereits als ausgemachte und bekannte Wahrheiten dastehen, sondern vorzüglich werde ich mich zunächst darauf beschränken, zu beweisen, dafs bei Säugethieren die Eier zur Zeit der Brunst aus dem Eierstocke austreten und in den Eileiter gelangen, mag nun die Begattung Statt finden, oder nicht, und mag durch sie der Saamen zu dem Ei gebracht werden, oder nicht. Vorher will ich indessen noch Folgendes bemerken:

Die Veränderungen in den weiblichen Genitalien bei Säugethieren zur Zeit der Brunst, welche eine periodisch gesteigerte Thätigkeit derselben zu dieser Zeit beweisen, sind zum Theil längst bekannt. Ich will aber aufserdem erwähnen, dafs Barry und ich auch die

Veränderungen des Eies, welche sich zu dieser Zeit bemerkbar machen und die daher als Zeichen der Reife desselben betrachtet werden können, kennen gelehrt haben. Es betreffen dieselben zunächst die Gröfse des Eies. Die reifsten Eier sind zugleich immer die gröfsten, wobei indessen rücksichtlich der einzelnen Eitheile und des Graaf'schen Bläschens das auch schon von v. Baer und Valentin ausgesprochene und von mir bestätigte Gesetz stehen bleibt, dafs immer die enthaltenen Theile relativ zu den enthaltenden um so kleiner sind, je reifer die Theile sind. — Der Dotter ist bei reifen Eiern am vollsten und dichtesten und enthält die meisten Dotterelemente. Die Zahl gröfserer in ihm enthaltener Fettbläschen, welche bei verschiedenen Thieren überhaupt verschieden ist, scheint ab- und dagegen die Zahl der kleineren Dotterkörnchen zuzunehmen. — Das Keimbläschen, welches sich bei unreifen Eiern mehr im Centrum des Dotters befindet, ist bei reifen ganz an der Peripherie uud wird hier zuweilen wie in einem Ausschnitte des Dotters sichtbar; wie ich bei Hunden gesehen habe. In ganz reifen Eiern kann es selbst fehlen, und nach einigen Beobachtungen bei Hunden, wäre es möglich, dafs auch das Verschwinden des Kerns der Keimzelle dem Verschwinden der letzteren vorausgehend, die vollkommene Reife des Eies bezeichnete. Am auffallendsten und leichtesten zu erkennen und ein sicheres Zeichen der vollen Reife des Eies, wenigstens bei Hunden und Kaninchen, ist die Veränderung der Zellen des sogenannten Discus proligerus um die Zona herum, die sich in Fasern auszuziehen anfangen und mit diesen auf der Zona aufsitzend, dem ganzen Ei ein strahliges Ansehen geben. — Beim Hunde endlich kann ich als bestimmt behaupten, dafs die Bildung des gelben Körpers, als den Granulationen ähnliche Wucherungen von der Innenfläche der Graaf'schen Bläschen, schon vor der Eröffnung derselben und dem Austritte der Eier beginnt, und daher auch als Zeichen der vollen Reife betrachtet werden kann. Diese Angaben werden, wie ich hoffe, Andere leiten können, wenn es sich darum handelt, zu bestimmen, ob man in irgend einem Falle reifende oder reife Eier vor sich hat oder nicht.

Dafs es nun aber nicht die Wirkung des männlichen Saamens ist, welche die gereiften Eier aus dem Eierstocke austreten macht, bewies mir zuerst die Wiederholung der von Nuck, Haighton, Cruikshank, Grafsmeyer, Blundell und Hausmann angestellten Versuche, deren Resultate hier zunächst anzuführen und kritisch zu beleuchten nicht unnöthig sein möchte.

Nuck (Adenographia curiosa p. 69. Opp. omn. Lugd. Bat. 1773) unterband bei einer Hündinn drei Tage nach der Begattung das linke Horn des Uterus, und fand 21 Tage nachher in dem Theile des Uterus über der Ligatur zwei Eier, welche sich entwickelt hatten, unterhalb derselben keines. Obgleich dieses Resultat durch seinen Zusatz : fœtus jam consumtos et in materiam pene purulentam conversos fuisse, sehr zweifelhaft gemacht wird, obgleich es ferner gewifs ist, dafs am 21. Tage nach der ersten Begattung der Embryo des Hundes noch nicht oder kaum in seinen ersten Rudimenten gebildet ist, so ist dasselbe dennoch als richtig angenommen, nicht zu verwundern. Der Saamen dringt bei dem Hunde sogleich bei der Begattung bis in die Spitze des Uterus; am dritten Tage danach ist er längst in den Eileiter eingetreten, die Eier auch schon aus dem Eierstocke heraus und befruchtet; die Unterbindung des Uterus wird also nur das Herabsteigen der Eier über die Unterbindungsstelle hinaus hindern, alles andere aber leicht erklärlich sein.

Haighton (Reil's Archiv III. pag. 46) durchschnitt bei vielen Kaninchen den Eileiter mit und ohne Substanzverlust bald auf beiden, bald auf einer Seite. In der bei weitem gröfsten Mehrzahl der Fälle beobachtete er danach einen gänzlichen Verlust des Begattungstriebes (wahrscheinlich weil auch die zu den Eierstöcken führenden Gefäfse durchschnitten wurden, wodurch die Reifung und Entwicklung der Eier und damit auch die Brunst und der Geschlechtstrieb aufgehoben wurde).

Wenn auch bei einigen die Begattung zugelassen wurde, so soll sie doch ohne Wirkung geblieben sein, und sich die Eierstöcke meist degenerirt gefunden haben. Bei drei Kaninchen aber, denen er nur auf einer Seite den Eileiter durchschnitten, erfolgte Begattung und Empfängnifs. Auf beiden Seiten zeigten sich Corpora lutea in den Eierstöcken, aber nur auf der unberührt gebliebenen Seite die entwickelten Eier. Er schliefst daraus, dafs die Eierstöcke von dem Reize der Schwängerung afficirt werden könnten, ohne Berührung mit dem Saamen, während er dabei hätte stehen bleiben sollen, dafs die Eier aus dem Eierstocke austreten, auch wenn der Saamen nicht zu diesen gelangen kann. — Bei einem Kaninchen, welchem er sechs Stunden nach der Begattung den Eileiter einer Seite durchschnitten hatte, fand er später Corpora lutea auf beiden Seiten, Eier nur auf der unverletzten Seite. Auch dieses ist leicht und selbst auf doppelte Weise zu erklären. Erstens nämlich haben Barry und ich 9—10 Stunden nach der Begattung den Saamen bei Kaninchen schon auf dem Eierstocke gesehen. Nach 6 Stunden konnte er daher möglicher Weise schon die Unterbindungsstelle passirt haben. Die Eier hätten daher selbst befruchtet werden und eine Eileiter-Schwangerschaft veranlafst werden können. Allein dieses auch nicht angenommen, so traten zweitens eben die reifen Eier auch auf der Seite aus, auf welcher der Saamen sie nicht erreichen konnte, gingen aber als unbefruchtet zu Grunde, während sich Corpora lutea so gut wie auf der andern Seite bildeten.

Die Versuche von Grafsmeyer (De fecundatione et conceptione human. Dissert. Götting. 1789, pag. 48) sind wenig zuverlässig und nichts aus ihnen zu entnehmen. Er unterband den Eileiter oder den Uterus von 14 Kaninchen, nach welcher einfachen Operation ihm nur zwei am Leben blieben, zum Zeichen, dafs die Operation schlecht angestellt wurde. Eines dieser beiden Kaninchen, dem er den Eileiter unterbunden hatte, war bei der Operation trächtig, und abortirte darauf. Vier Tage nachher zeigte sich der Begattungstrieb sehr heftig und der Coitus wurde vollzogen. Als er 14 Tage nachher das Thier tödtete, fand er die Hörner des Uterus zwar an einigen Stellen etwas angeschwollen, aber kein Ei und Embryo, und ebenso auch an den Eierstöcken nichts Bemerkenswerthes; in der Bauchhöhle aber Blasenwürmer, die er für etwas sehr Merkwürdiges hielt, obgleich Blumenbach sie ihm als solche bezeichnete. Dem zweiten Kaninchen war ebenfalls der Eileiter unterbunden. 21 Tage nachher soll es sich begattet haben, obgleich Grafsmeyer den Coitus nicht sah; und 9 Tage nachher fand er weder an den Eierstöcken, noch an dem Uterus irgend eine Veränderung.

Auch Cruikshank machte einen hierher gehörigen Versuch, der aber ohne Resultat blieb. Er unterband bei einem Kaninchen einen Tag nach der Begattung den linken Eileiter dicht am Uterus. Nach 14 Tagen fand er die Gebährmutter der rechten Seite ohne Frucht, obgleich die Placenta sichtbar war und wieder zurück gegangen; ebenso der Eierstock. Auf der linken Seite war kein Zeichen der Befruchtung in der Gebährmutter, keine Placenta, die Trompete sehr weit und zart, der Eierstock zweimal so grofs, als der der andern Seite, roth und mit gerinnbarer Lymphe bedeckt. In dem Eileiter sah man eine Hydatide, die eine helle Flüssigkeit enthielt, aber keine Frucht. Aufserdem waren überall Spuren von Peritonitis und Exsudaten in der Bauchhöhle. — Nach meinen Erfahrungen mufste hier nach 24 Stunden schon die Befruchtung und der Austritt der Eier aus dem Eierstocke erfolgt sein. Es scheint aber, dafs die Operation heftige Entzündung erregt hatte, und dafs die Eier dadurch sowohl auf der linken als rechten Seite zu Grunde gingen, wenn sie sich gleich auf letzterer noch etwas weiter entwickelt hatten. (Philosophical Transactions, 1797, T. I. Versuch 11 und 16.)

Blundell (Medico-chirurgical Transactions, Vol. X. p. 264 p. 1819; Meickel's Archiv, V. p. 422. — Principles and practice of obstetricy. London 1824, p. 60) fand nach Durchschneidung des einen Hornes des Uterus bei Kaninchen vor der Begattung, später nach derselben, Eier nur in dem unverletzten Horne, Corpora lutea aber auf beiden Seiten, die nicht von einander zu unterscheiden waren; nach Durchschneidung der Scheide niemals Eier im Uterus, wohl aber Corpora lutea an den Eierstöcken. Zugleich beobachtete er nach diesen Operationen eine unersättliche Begattungslust.

Endlich sah Hausmann (Ueber die Zeugung des wahren weiblichen Eies, p. 93) in seinem 53. Versuche bei einem Schweine, bei welchem er die Fimbrien der Eileiter von den Eierstöcken abgeschoben hatte, keine Befruchtung, wohl aber die Entwicklung von gelben Körpern folgen. Ein zweiter Versuch, 54, wo nur an einem Eierstocke die Fimbrien abgeschoben worden waren, ist unsicher.

Meine eigenen in dieser Richtung angestellten Versuche sind folgende:

Am 29. Januar 1842 Morgens $8\frac{1}{2}$ Uhr liefs ich ein Kaninchen vom Männchen belegen; die Spermatozoiden fanden sich reichlich in der Scheide. Nachmittags um $2\frac{1}{2}$ Uhr, also nach 6 Stunden, öffnete ich dasselbe und schnitt ihm den rechten Eierstock und Eileiter aus, wobei sich fand, dafs dieses eines derjenigen Kaninchen war, denen ich im vorhergehenden Sommer den Uterus ausgeschnitten hatte. Eierstock und Eileiter zeigten jedoch deutlich alle Zeichen der Brunst, waren blutreich und turgescirend, mehrere Gr. Bläschen waren sehr angeschwollen, das Epithelium des Eileiters flimmerte stark, doch enthielt letzterer natürlich keine Spermatozoiden. — Ich untersuchte darauf die vier gröfsten angeschwollenen Graaf'schen Bläschen, und fand sie noch geschlossen und in allen ein Ei. Die Zellen der Membr. granulosa waren sehr entwickelt, und die des Discus in Fasern ausgezogen, wie ich dieses immer bei den Eiern gesehen habe, die für die diesesmalige Befruchtung bestimmt sind. Der Dotter eines Eies hatte ein geflecktes Ansehen, der der übrigen nicht. Ein Keimbläschen konnte ich trotz der allergröfsten Sorgfalt und Aufmerksamkeit in keinem dieser vier Eier mehr auffinden. Das Ei aus dem gröfsten Graaf'schen Bläschen mafs im Durchmesser des Discus 0,0100, in der Zona 0,0060, der Dotter 0,0045, die Zona selbst war 0,0006 P. Z. dick.

Abends $6\frac{1}{2}$ Uhr, also 10 Stunden nach der Begattung, wo sonst die Eier immer aus dem Eierstocke ausgetreten sind, tödtete ich dieses Kaninchen. Auch auf dieser Seite war der Uterus ausgeschnitten und der Eileiter mit dem Eierstocke verwachsen. An letzterem waren aber dennoch mehrere Graaf'sche Bläschen sehr angeschwollen, die Eier aber noch in ihnen enthalten, und bei dreien zeigten die Zellen des Discus auch jetzt ihre spindelförmige Metamorphose. Der Dotter derselben war stark dunkel gefleckt, was aber nicht durch irgend einen Zellenbau hervorgebracht wurde. Vielmehr schien es mir, als wenn der Dotter bereits in einer rückgängigen Metamorphose begriffen sei, die vielleicht durch den ganzen Zustand des Eierstockes bedingt war. Es enthielten nämlich auch andere Graaf'sche Bläschen, die nicht sehr angeschwollen waren, solche Eier mit dunkelfleckigem Dotter, bei denen zugleich die Zellen der Membr. granul. und des Discus in dunkle Körnchen umgewandelt waren. Auch in den Eiern dieser Seite fand ich kein Keimbläschen mehr. — Corpora lutea zeigte keiner der beiden Eierstöcke.

Am 22. April 1841 hatte ich einem seit 8 Tagen trächtigen Kaninchen beide Uteri mit Hinterlassung der Eierstöcke und Eileiter durchschnitten. Das Thier genafs bald vollkommen, und so setzte ich es denn am 22. Juni wieder zu dem Männchen. Der Begattungstrieb des Weibchens war so grofs, dafs es sich nicht nur sogleich belegen liefs, sondern, während das Männchen sich erholte, auf anderen

Weibchen herumhockte, bis ersteres es abermals belegte und so fort. Vier Tage darauf tödtete ich das Weibchen. Ich fand an dem linken Eierstocke drei, an dem rechten fünf frische Corpora lutea und aufserdem noch ein mit schwarzem geronnenem Blute gefülltes Graaf'sches Bläschen. Mit diesem Resultate zufrieden, untersuchte ich leider die Eileiter nur noch auf Flimmerbewegungen, die ganz wohl und stark vorhanden waren.

Im Sommer 1841 hatte ich einem andern Kaninchen den rechten Uterus mit Hinterlassung des Eileiters und Eierstockes ausgeschnitten, und es dann leben lassen. Dieses Thier schien darauf später sehr hitzig zu sein, jagte den anderen Weibchen, mit denen es zusammen war, immer nach, setzte sich auf sie und machte Begattungsbewegungen. Dennoch, so oft ich es auch zu den Männchen setzte, wollte es sich nicht belegen lassen; namentlich auch den 15. und 16. Mai 1842 nicht. Ich hatte die frühere Operation an ihm ganz vergessen. Ich liefs es nun vom 17. Mai bis zum 21. unbeachtet bei dem Männchen sitzen, und benutzte es an diesem Tage zu einem anderen Versuch.

Zu meiner Ueberraschung fand ich nun die Spuren der früheren Operation, und aufserdem, dafs es sich dennoch hatte belegen lassen.

In dem oberen Theile des linken Uterus befand sich ein Ei, welches sich eben durch eine geringe Anschwellung und durchscheinende Beschaffenheit desselben bemerklich machte. Es war so weit entwickelt, wie die Eier gegen den 9. Tag bei dem Kaninchen zu sein pflegen. Der Eierstock hatte ein Corp. luteum. — Der rechte Uterus fehlte und das untere Ende des Eileiters war an das untere Ende des ausgeschnittenen Uterus angewachsen und beide verschlossen. Zwischen ihnen befand sich eine dicke käseartige, unter dem Microscope Eiterkugeln zeigende Masse, in welcher die bei der Operation angewendeten Ligaturen eingeschlossen waren. Der Eierstock zeigte vier Corpora lutea eben so vollkommen entwickelt, als das auf der linken Seite. Ich gerieth auf den Gedanken, den Eileiter zu untersuchen, und fand unerwarteter Weise in der Mitte desselben die vier Eier. Sie hatten offenbar sich etwas zu entwickeln angefangen, waren dann aber stehen geblieben, und nun im Begriff zu abortiren. Der Discus proligerus war verschwunden, und statt dessen eine geringe Schichte Eiweis um die Zona gebildet; diese war etwas angeschwollen. Der Dotter füllte die Zona nicht aus, und zeigte deutlich die Spuren der Resorption. Er war unregelmäfsig, sehr blafs, körnig und klein. In einem Ei unterschieden sich im Dotter dunklere Körnchen.

Am 19. und 20. Januar 1843 schnitt ich einer Spitzhündinn, welche seit drei Wochen belegt war, auf viermal Stücke beider Uteri, welche fünf Eier enthielten, aus. Die Hündinn ertrug die Operation sehr gut, und da ich die Absicht hatte sie leben zu lassen, so leitete ich alle angewendeten Ligaturen zu der äufseren Wunde heraus, welche durch die blutige Naht vereinigt wurde. Die Hündinn befand sich bald ganz wohl, die Ligaturen fielen ab und die äufsere Wunde schlofs sich. Ich nahm das Thier dann zu mir in's Haus, und dasselbe nahm nun auffallend an Munterkeit, ja Ausgelassenheit zu und wurde dick und fett. Eine Empfindlichkeit des Bauches gegen Druck ging auch verloren, und bald war nun auch nicht das Geringste eines Leidens mehr an ihr zu bemerken.

Sonntag den 14. Mai desselben Jahres bemerkte ich zuerst, dafs die Hunde anfingen ihr nachzusetzen. Sie bifs sie aber spielend ab, und blieb sehr munter, bis Mittwoch, wo die äufsere Schaam sehr angeschwollen war und ziemlich stark Blut absonderte. An diesem Tage wurde das Thier traurig und frafs nicht. Allein schon folgenden Tages war es wieder sehr munter, und die Nachstellungen der Hunde wurden immer gröfser. Sie liefs aber dennoch keinen zu, bis endlich Sonntag Morgen den 20., wo sie ein Hund in meiner Gegenwart belegte und drei Viertel Stunden mit ihr in Copula blieb. Von nun an liefs sie sich täglich die ganze folgende Woche bis zum nächsten

Sonntag den 28. von verschiedenen Hunden belegen. Auch Montag den 29. hielt sie einem Hunde noch ganz still, der aber mit dem Coitus nicht zu Stande kam. Ich schwankte sehr über die Zeit, in welcher ich sie untersuchen wollte. Ich war überzeugt, dafs sich die Eier würden von den Eierstöcken getrennt haben und in den Eileiter getreten sein. Ich erwartete ferner, dafs sie hier abortiren würden, ich wollte aber gerne abwarten, bis die Theilung des Dotters bei regelmäfsigem Verlaufe bereits würde begonnen haben, um zu sehen, ob sich vielleicht eine Spur derselben einstellen würde, wie dieses an nicht befruchteten Frosch- und Fischeiern öfters der Fall ist. Da diese Theilung nun erst in dem unteren Stücke des Eileiters beginnt, und die Hündinnen sich gewöhnlich so lange belegen lassen, bis die Eier in den Uterus einzutreten im Begriff sind, so war dieses die Ursache, warum ich die Hündinn so lange leben liefs. Da nun aber die Neigung, sich belegen zu lassen, schon acht Tage fortdauerte, so fürchtete ich für die Eier und liefs die Hündinn daher Montags um 10 Uhr tödten.

Bei der Eröffnung der Bauchhöhle fanden sich die Spuren der vorausgegangenen Excision des Uterus im Ganzen sehr unbedeutend entwickelt; die Harnblase adhärirte nach vorne durch eine Art Mesenterium an der Narbe der Bauchdecken, alle anderen Organe waren frei von solchen Adhäsionen. Das grofse Netz war vollständig mit den Ueberresten des Uterus und dessen Mesenterium, so wie mit der Umhüllung des linken Eierstockes verwachsen, und hüllte überhaupt auf eine eigenthümlich vollständige Weise den ganzen Darmkanal ein; doch war letzterer überall ganz frei beweglich. Was die Genitalien selbst betraf, so war die Scheide, der Muttermund und Körper des Uterus ganz in vollständig normalem Zustande. Auf der rechten Seite schlofs sich an den Körper des Uterus auch noch ein einen, auf der linken einen halben Zoll langes Stück des Uterus auf gleiche Weise in vollkommen normaler Beschaffenheit an. Auf beiden

Seiten waren nach oben diese Stücke der Hörner, des Uterus vollkommen verschlossen. Auf der rechten Seite folgte dann ein nur zwei Linien langes callöses Stück Narbensubstanz, an welches sich sodann in gerader Fortsetzung das oberste, über einen Zoll lange Stück dieses rechten Hornes des Uterus mit Eierstock und Eileiter anschlofs, welche ganz das normale Ansehen zeigten und ohne alle Adhäsionen waren. An der linken Seite folgte auf das untere Stück des linken Uterus eine gröfsere Parthie Narbensubstanz, in welcher namentlich auch die vollkommenste Adhäsion mit dem Netze sich entwickelt hatte. Dann schlofs sich daran das obere Stück dieses linken Hornes mit Eierstock und Eileiter an, doch war ersteres ziemlich ausgedehnt und zeigte Fluctuation von Eiter, der auch wirklich in ihm enthalten war. Eierstock und Eileiter waren aber durchaus normal.

Ich untersuchte nun zuerst auf Saamen und fand Spermatozoiden, aber im Ganzen nur sparsam, in dem Körper und den beiden untern Stücken beider Hörner des Uterus. Sie bewegten sich nicht mehr, was mir, so wie ihre geringe Menge, einigermafsen auffiel, da die Hündinn doch noch Tages zuvor sich hatte belegen lassen. In dem oberen Stücke des rechten Uterus fand sich auch bei der genauesten Untersuchung nicht die geringste Spur eines Spermatozoiden; auf der linken Seite machte der Eiter die Untersuchung unmöglich und unnöthig.

Der Eierstock der rechten Seite zeigte nun zwei, der der linken vier ganz vollkommen entwickelte, frische und grofse Corpora lutea. Diese waren in keinem Stücke von andern Corporibus luteis anderer Hündinnen am achten Tage nach der Begattung verschieden. Sie waren eben so grofs, eben so blutreich und fleischfarben aussehend, zeigten im Innern genau dieselbe Structur und strahlige Textur, enthielten auch noch eine enge mittlere, mit einer durchsichtigen gallertigen Masse angefüllte Höhle. Ihre Oberfläche war bei den meisten glatt, und zeigte nur noch bei einem eine Art von Oeffnung; doch findet sich eine solche auch bei anderen Hündinnen am achten Tage nur selten mehr, und ist meistens bereits spurlos geschlossen. Endlich enthielten beide Eierstöcke noch ganz deutlich die fünf Corpora lutea der letzten Schwängerung im Januar als linsenförmige gelbe Massen.

Nun durchsuchte ich auf das Sorgfältigste beide Eileiter und das rechte obere Stück des Uterus nach den Eiern. Allein ich fand leider keine solche. Ich glaube nicht, dafs ich sie übersehen hätte, selbst wenn sie bereits ihr Aussehen wesentlich verändert gehabt hätten. Anderer Seits bin ich dennoch überzeugt, nach der Beschaffenheit der gelben Körper und nach der Erfahrung beim Kaninchen, dafs die Eier aus dem Eierstocke aus- und in den Eileiter, vielleicht auch schon in den Uterus eingetreten, aber hier als nicht befruchtet zu Grunde gegangen waren. Ich hätte die Untersuchung früher, am dritten, vierten, nicht erst am neunten Tage anstellen sollen.

Am 14. August 1842 öffnete ich einer Hündinn den Unterleib, in dem Glauben, sie sei trächtig; fand aber, dafs dieses nicht der Fall war. Ich unterband darauf den linken Uterus ungefähr in seiner Mitte mit einer starken Ligatur, welche ich abschnitt, liegen liefs, und nun das Thier erhielt.

Montag den 4. Januar 1843 zeigte sich diese Hündinn wieder läufig, und wurde Morgens 9 Uhr und nun die folgenden Tage von zwei Hunden belegt.

Freitag den 13. Januar liefs ich sie tödten. In der Mitte des linken Uterus fand sich an der Stelle der Ligatur eine Wallnufsgrofse Anschwellung, an der das Netz fest angewachsen war; oberhalb derselben besafs ein kleines Stück Uterus seinen normalen Durchmesser, und dann zeigte sich das obere Ende des Uterus zu einem fast Hühnerei grofsen, sehr gespannten, fluctuirenden Sacke ausgedehnt, in welchen der Eileiter überging. Der rechte Eierstock zeigte drei

Corpora lutea; der linke vier vollkommen eben so ausgebildete wie jener. Ich untersuchte nun zuerst den rechten Uterus, und fand die drei Eier, eines etwa in der Mitte, das zweite etwa einen Zoll davon, und das dritte oben in der Spitze des Uterus. Dieselben boten ein Stadium dar, auf welchem eben die Keimhaut sich aus den Dotterkugeln zu bilden anfängt, und welches ich an einem andern Orte genauer beschreiben werde.

Auf der rechten Seite durchsuchte ich leider vergebens den Eileiter auf das Sorgfältigste, konnte aber keine Eier finden. Da sie indessen gewifs ausgetreten waren, wie die vier Corpora lutea bewiesen, so glaube ich, dafs sie durch den Eileiter hindurchgegangen und nun in die sackartige Ausdehnung des Uterus gelangt waren. Diese war aber mit einem sehr stinkenden grünen Eiter erfüllt, der sich auch in der Anschwellung an der Stelle der Ligatur fand, und daher jedes Nachsuchen nach den Eiern unmöglich machte.

Ich glaube nun, dafs diese Versuche meiner Vorgänger und meine eigenen auf das Entschiedenste darthun, dafs, auch wenn das Vordringen des männlichen Saamens in die Eileiter und bis auf den Eierstock und die Einwirkung desselben auf die Eier gehindert ist, sich dennoch bei eintretender Brunst, und in diesen Fällen nach erfolgter Begattung, an den Eierstöcken und Eiern alle Erscheinungen entwickeln, wie im vollkommen normalen Zustande. Die Eier reifen, die Graaf'schen Bläschen schwellen an, eröffnen sich, es bilden sich die gelben Körper, die Eier treten aus und gelangen in den Eileiter und es beginnen sogar einige Erscheinungen ihrer Entwicklung. Allein da die Einwirkung des männlichen Saamens auf die Eier gehindert ist, so schreitet die Entwicklung nicht weiter fort, sondern die Eier gehen zurück, lösen sich auf und abortiren. Dieser letztere Umstand beweiset, dafs die ganze Reihenfolge dieser Erscheinungen von der Begattung überhaupt unabhängig, und nur in dem Entwicklungsgange der Eier an und für sich begründet ist. An eine Aura seminalis, an eine Resorption des Saamens, oder eine noch mystischere Einwirkung der Begattung, welche frühere Beobachter eben durch diese Erscheinungen für bewiesen erklärten, ist, da ich die materielle Berührung des Saamens mit den Eiern erwiesen habe, überhaupt nicht zu denken, und in diesen Fällen eben speciell dadurch widerlegt, dafs die Eier bei Hinderung dieser materiellen Berührung nicht entwicklungsfähig waren und zu Grunde gingen. Würde der Saamen und die Begattung den Austritt der Eier, die Entwicklung der gelben Körper &c. in diesen Fällen bedingt haben, so würden die Eier auch wohl befruchtet gewesen sein und sich weiter entwickelt haben. Ich glaube daher, dafs trotz der Intercurrenz der Begattung dennoch der selbstständige Entwicklungsgang der Eier durch diese Versuche erwiesen wird.

Allein eine andere Beobachtung, welche ich zu machen so glücklich war, zeigt diese Unabhängigkeit der Reifung und des Austrittes der Eier von der Begattung noch entschiedener.

In der Absicht zu erfahren, bis zu welchem Punkte der männliche Saamen bei der Hündinn unmittelbar bei der Begattung gelangt, hatte ich mir eine starke, kräftige junge Hündinn gehalten, welche noch nie trächtig war. Da Alles darauf ankam, dafs ich die erste Begattung mit vollkommener Sicherheit kannte, so hielt ich die Hündinn in meinem eigenen Hause um mich und beobachtete sie genau. Anfangs Juni 1843 bemerkte ich, dafs dieselbe der Brunst nahe war, indem die Hunde anfingen ihr heftig nachzusetzen, und Blutabgang aus der Scheide Statt fand. Allein Freitag den 9. Juni wollte sie sich noch auf keine Weise belegen lassen. Ich legte sie daher jetzt an die Kette und liefs sie streng isoliren bis Sonntag Mittag. An diesem Tage $1\frac{3}{4}$ Uhr brachte ich wieder einen Hund zu ihr, und nun liefs sie sich, wie noch aufserdem aus dem anfänglichen Sträuben und Geschrei der Hündinn hervorging, zum ersten Male belegen.

Sobald die Copulation vorüber war, schnitt ich der Hündinn den linken Uterus, Eierstock und Eileiter aus, und schlofs die Wunde durch die Naht. Ich untersuchte zuerst den Uterus und fand denselben bis herauf in seine äufserste Spitze ganz mit lebhaft sich bewegenden Spermatozoiden erfüllt. Jetzt nun wollte ich den Eileiter untersuchen, ob der Saamen vielleicht auch schon in diesen eingedrungen sei, als ich bei der Präparation desselben und der Bloslegung des Eierstockes zu meinem Erstaunen sah, dafs die Eier, welche ich sicher noch in den Graaf'schen Bläschen erwartet hatte, bereits aus dem Eierstocke ausgetreten sein mufsten. Ich bemerkte nämlich an dem Eierstocke fünf kleine Oeffnungen, aus deren einer eine kleine rothe Masse hervorwucherte, und sah, dafs sich hier fünf Graaf'sche Bläschen bereits eröffnet hatten. Die Bildung der gelben Körper, von der Tiefe und den Wänden der Follikel ausgehend, war schon ziemlich weit vorgeschritten, zugleich aber enthielten dieselben noch eine ansehnliche, mit wasserhellem Serum angefüllte Höhle, in der aber kein Ei mehr enthalten war. Es wurde mir hier abermals sehr einleuchtend, wie ein solcher Zustand frühere Beobachter, welche das Eichen selbst nicht kannten, wahrscheinlich zu dem Glauben veranlafst hatte, die Follikel seien noch nicht geöffnet. Die volle Ueberzeugung von der erfolgten Eröffnung gewann ich aber sogleich, als ich nun die fünf Eier schon gegen zwei Zoll im Eileiter fortgerückt dicht bei einander fand. Die Untersuchung derselben ergab mir nichts Neues. Sie hatten durchaus die Beschaffenheit, welche ich immer an Eiern auf diesem Stadium gesehen hatte, und glichen wie immer vollkommen den ganz reifen Eierstockeiern. Dagegen suchte ich vergebens in dem ganzen Eileiter bis herunter an das Ostium uterinum nach Spermatozoiden; nirgends war ein solcher zu sehen, und ich verwendete darauf eine solche Zeit und Sorgfalt, dafs ich zuverlässig zu behaupten wage, der Saamen war noch nicht in den Eileiter eingedrungen.

Am andern Morgen um 10 Uhr, also nach 20 Stunden, binnen welchen ich nach meinen früheren Beobachtungen gefunden hatte, dafs der Saamen bis an den Eierstock gelangen kann, liefs ich die Hündinn tödten. Auch der rechte Eierstock zeigte nun fünf kleine Oeffnungen und fünf in der Entwicklung noch weiter fortgeschrittene gelbe Körper, und aufserdem noch ein sehr grofses nicht geöffnetes Graaf-sches Bläschen. Auch dieser Eileiter enthielt fünf Eier, welche bis über die Mitte desselben herabgerückt, und mehrere Linien von einander entfernt waren. Drei derselben waren vollkommen normal beschaffen und denen von gestern noch sehr ähnlich. Zwei aber waren deutlich abnorm und abortiv, die Zona nicht deutlich, der Discus proligerus sehr unvollkommen entwickelt, der Dotter eine kleine unregelmäfsige Masse von Dotterkörnchen. Ich fand nun auch Spermatozoiden im Eileiter, Theils sich noch bewegend, Theils nicht mehr, aber nur bis etwa drei Linien vom Ostium uterinum in ihn eingedrungen. Der ganze übrige Eileiter enthielt keine und auch um und auf den Eiern befand sich keine Spur von ihnen, so dafs die Eier sicher noch nicht befruchtet waren.

Ich glaube, dafs diese Beobachtung unwiderleglich beweiset, dafs die Eier nach erlangter Reife die Eierstöcke verlassen und in den Eileiter eintreten, ohne allen Einflufs der Begattung. Dafs dieselbe nicht früher Statt fand, als sie beobachtet wurde, darf bei den getroffenen Mafsregeln als sicher angenommen werden. Dafs die Eier aber etwa während und durch die Begattung ausgetreten wären, ist deshalb durchaus nicht anzunehmen, da es erstens gewifs ist, dafs die Begattung nicht immer diese Folge hat, da ich selbst nach mehrmals vollzogener Begattung bei anderen Hündinnen die Graaf'schen Bläschen noch geschlossen fand, und da es zweitens nicht denkbar ist, dafs die Eichen in der kurzen Zeit einer Viertelstunde einen Weg von zwei Zoll in dem engen Eileiter sollten zurückgelegt haben, während sie, um die übrigen zwei bis drei Zoll desselben zu durchwandern, gegen acht Tage brauchen.

Wenn nun also wirklich hier die Eier ganz unabhängig von der Begattung den Eierstock verlassen hatten, wenn sie also unbefruchtet in den Eileiter gelangt und selbst noch nach 20 Stunden als unbefruchtet angesehen werden mufsten, so fragt sich zunächst, wie dieses mit meinen früheren Beobachtungen, wo ich bei Hündinnen 6, 18, 20 Stunden nach der ersten Begattung die Graaf'schen Bläschen noch geschlossen, und dann den Saamen durch den ganzen Eileiter hindurch bis auf den Eierstock vorgedrungen fand, in Uebereinstimmung zu setzen ist.

Die Auflösung hierzu findet sich offenbar darin, dafs wenn einmal die Eier gereift sind, für ihre Befruchtung ein gewisser Spielraum in der Zeit und auch in dem Orte gegeben ist. Es kommt, wie es scheint, auf die Individualität der Hündinn und auf die Gelegenheit an, ob die Begattung zugelassen und vorgenommen wird, wenn die Eier noch im Eierstocke sind, oder wenn sie bereits ausgetreten und in den Eileiter gelangt sind. Befinden sich die Thiere in ihren naturgemäfsen Verhältnissen und ist die Gelegenheit zur Begattung frei, so scheint es, dafs sich der Geschlechtstrieb äufsert, ehe noch die Eier ausgetreten sind. Wird nun die Begattung vorgenommen, so hat der Saamen Zeit, durch den Eileiter bis zum Eierstocke vorzudringen, und dieses kann, wie meine früheren Beobachtungen gezeigt haben, bei dem Hunde in 20 Stunden geschehen. Andere weibliche Individuen lassen vielleicht den Hund erst später zu, oder es mangelt die Gelegenheit dazu, weil sie etwa, wie in meinem Falle, eingesperrt sind. Dann treten die Eier dennoch aus, sie können aber auch dann noch bei nun hinzukommender Begattung befruchtet werden. Wie lange hierzu die Möglichkeit gegeben ist, kann ich nicht mit Bestimmtheit sagen. Da indessen Hündinnen sich in der Regel acht Tage lang belegen lassen, da die ersten bestimmteren Erscheinungen der

Entwicklung der Eier, nämlich die Dottertheilung, in dem untersten Stücke der Eileiter beginnt, wo sie sich etwa am siebenten und achten Tage befinden, so scheint dieses die Gränzen der Befruchtungsfähigkeit der Eier bei dem Hunde zu bezeichnen.

Nachdem mir die Einsicht in diese Verhältnisse aufgegangen war, bin ich auf manche Ergebnisse meiner früheren Versuche aufmerksam geworden, die ich früher gering angeschlagen und anders interpretirt hatte. Ich war, wie gesagt, in dem Vorurtheil befangen, dafs die Begattung den Austritt der Eier aus dem Eierstocke bedinge. Ich rechnete daher immer, wie alle meine Vorgänger, von der ersten Begattung an. Nun fügte es sich zufällig, dafs die meisten Hündinnen, die ich zu dieser Beobachtung vorzüglich benutzte, sich wahrscheinlich alle eher hatten belegen lassen, als die Eier ausgetreten waren. Allein ich finde jetzt unter meinen Beobachtungen noch mehrere, in welchen ich mir bemerkt, dafs, obgleich die Eier sich in dem oberen Drittheil der Eileiter fanden, ich dennoch Spermatozoiden nur in dem unteren Stücke derselben sah. Da ich aber einmal wufste, dafs sie durch den ganzen Eileiter hindurch dringen können, so glaubte ich sie hier in dem oberen Stücke übersehen zu haben, weil vielleicht ihre Zahl zu gering gewesen, weil ich nicht sorgfältig genug verfahren und dergl. mehr. Jetzt nun bin ich überzeugt, dafs auch dieses Fälle gewesen sind, in denen die Eier früher ausgetreten waren, als die Begattung Statt gefunden und der Saamen Zeit gehabt hatte, höher hinauf in die Eileiter zu dringen. Auch habe ich bei der Hündinn constant nur im unteren Drittheil des Eileiters Spermatozoiden auf den Eiern gesehen, in den höher gelegenen Theilen seltener.

Bei dem Kaninchen, wo man die Anwesenheit der Brunst nicht so bestimmt ermitteln kann, als bei der Hündinn, wo der Drang der Männchen gewifs die erste Zeit benutzt, wenn das Weibchen die Begattung zuläfst, scheint es, dafs in der Regel auch die Eier nicht eher austreten, als bis der Saamen Zeit gefunden bis zum Eierstocke zu gelangen, wozu er nach Barry und mir 9—10 Stunden gebraucht. Bei dem Kaninchen habe ich auch immer schon in dem oberen Drittheil des Eileiters Spermatozoiden auf den Eiern gefunden; bei ihnen beginnt auch schon höher oben im Eileiter die Dottertheilung, und wahrscheinlich ist daher der Spielraum der Befruchtungsfähigkeit der Eier weit kürzer, als bei dem Hunde.

Es geht also aus diesem Allem auch hervor, dafs die bisher allgemein übliche Berechnungsweise der Zeit des Austrittes der Eier nach der ersten Begattung durchaus unsicher ist, und nur annäherungsweise zutreffen wird.

Wenn es nun hiernach gewifs ist, dafs die Eier vor der Begattung den Eierstock verlassen und in den Eileiter eintreten können, so unterliegt es auch wohl keinem Zweifel, dafs dieses auch geschieht, wenn die Begattung gar nicht vollzogen wird, wo dann aber natürlich die Eier zu Grunde gehen werden. Bei früheren Schriftstellern finden sich nur wenige Angaben, die hierher gerechnet werden können, und natürlich beziehen sich ihre Angaben nicht auf das Ei, sondern nur auf die Graaf'schen Bläschen und gelben Körper.

Nach Kuhlemann (Observat. quaed. circa negot. generationis p. 15, Epicrisis) sollte sich bei böckischen Schaafen, welche nicht oder wenigstens nicht fruchtbar belegt werden, auch kein Graaf'sches Bläschen eröffnen, und kein gelber Körper bilden; wenigstens meinte er, dafs dieses nur ausnahmsweise geschehen würde.

Einige Versuche von Hausmann haben leider nicht die beweisende Kraft, welche sie haben würden, wenn der Verfasser nicht die Existenz des Eierstockeies vernachlässigt und geläugnet hätte. Eine Hündinn war vom 29. October bis 4. November hitzig, die Begattung wurde aber nicht zugelassen. An den Eierstöcken fanden sich, als sie jetzt getödtet wurde: „Graaf'sche Bläschen, die das Ansehen von gelben Körpern hatten, aber keine Aufbruchstelle zeigten, einen wasserhellen Inhalt hatten, aber kein Ei enthielten." (l. l. p. 73,

Versuch 25.) In einem andern Versuche (p. 87, Versuch 41) war eine Sau am 23. Juni rühisch, wurde aber nicht zum Eber gelassen. Am 9. Juli wurde sie wieder rühisch, und wollte am 11. den Eber zulassen, was aber nicht geduldet wurde. Am 12. liefs man die Begattung zu und verschnitt zwanzig Minuten darauf die Sau. Am linken Eierstocke zeigten sich fünf reife ungeplatzte Graaf'sche Bläschen und sechs gelbe Körper, am rechten auch fünf reife Bläschen und drei gelbe Körper. Hausmann ist der Meinung, dafs diese gelben Körper von der Rühischkeit am 23. Juni hergerührt hätten.

Von dem Schaafe sagt Hausmann (l. l. p. 94): „Wird das Schaaf nicht oder nicht fruchtbar belegt, so platzt auch kein Graaf'sches Bläschen; jedoch scheint es, dafs nach oft wiederkehrendem unbefriedigtem Böckischsein ein Graaf'sches Bläschen platzt, wonach sich dann ein nur unvollkommen entwickelter gelber Körper bildet.“ Und im Versuch 56, p. 95 fand er bei einem Schaafe neben dem von der diefsmaligen Brunst und Befruchtung herrührenden gelben Körper des linken Eierstockes, auch am rechten einen solchen, weniger ausgebildet, welchen er selbst als einen Beweis betrachtet, „dafs sich auch ohne Begattung zu Zeiten ein Graaf'sches Bläschen öffnen könne.“ Im Versuch 58, p. 96 heifst es ferner, dafs neben einem in Folge einer Begattung geplatzten Graaf'schen Bläschen sich noch ein gelber Körper am Eierstocke befunden habe, „obschon das Schaaf nicht belegt, aber mehrere Male böckisch gewesen war.“

Ich selbst habe nun in dieser Beziehung bis jetzt folgende Beobactungen gemacht:

Am 7. December 1843 Nachmittags 4 Uhr erhielt ich ein Lamm, bei welchem sich seit einer Stunde die Zeichen des Böckischseins eingestellt hatten, welches aber vom Bock nicht besprungen worden war. Ich liefs dasselbe sogleich für sich einsperren. Am andern Morgen um 10 Uhr liefs ich den Bock zu demselben, welcher sogleich mehrere Male Anstalt machte, dasselbe zu belegen, allein daran gehindert wurde. Da nun nach Kuhlemann (l. l. p. 13. Nota) die Schaafe nur 24 Stunden böckisch sind; da Kuhlemann und Hausmann zwölf Stunden nach der Begattung das Graaf'sche Bläschen geöffnet, v. Baer das Ei eines Schaafes vor dem Ende des ersten Tages nach der Begattung im Eileiter gesehen haben wollen, so schlofs ich daraus, dafs das Ei wohl innerhalb der ersten 24 Stunden der Brunst schon aus dem Eierstock austrete und liefs also zwischen 3 und 4 Uhr Nachmittags das Thier schlachten.

An diesem Nachmittage bemerkte ich noch zu meiner grofsen Freude, dafs an dem rechten Eierstocke ein Graaf'sches Bläschen geplatzt war. Die Stelle war nicht hervorragend über die Fläche des Eierstockes, machte sich aber durch einen zierlichen, lebhaft rothen Gefäfskranz um eine kleine Oeffnung herum bemerklich, welches Ansehen mir bereits von Hunden und Kaninchen hinlänglich bekannt war; von solchen aber, die in dergleichen Untersuchungen nicht bewandert sind, leicht übersehen werden kann, und gewifs auch oft übersehen worden ist. Jene kleine Oeffnung hatte einen Durchmesser von etwa $\frac{2}{5}$ P. L. = $\frac{9}{10}$ Millim. Ich durchsuchte nun noch die Scheide und den ganzen Uterus auf das Genaueste nach Spermatozoiden, um auch noch diese negative Gewifsheit zu erhalten, dafs keine Begattung Statt gefunden; fand aber natürlich keine Spur davon, da sie positiv unmöglich gemacht worden war.

Am andern Morgen nun suchte ich das Ei auf. Ich legte den Eileiter auf ein Glasplättchen, breitete die Fimbrien seines Trichters sorgfältig auseinander und durchsuchte zuerst diese unter dem einfachen Microscop. Hier fand ich nichts, allein ich bemerkte einen sich in den Trichter hineinziehenden Schleimfaden, dessen Elemente mir unter dem Microscope viele Aehnlichkeit mit abgestofsenen Zellen der Membrana granulosa des Graaf'schen Bläschen zu haben schien. Ich schnitt nun das erste Dritttheil des Eileiters mit einer feinen Scheere auf, legte die Ränder auseinander und untersuchte nun jedes Fältchen sorgfältig unter der Loupe, indem ich eine feine Nadel zu Hülfe nahm. Hier war ich so glücklich, das Eichen 5 P. L. = $11\frac{1}{4}$ Millim. von dem Eingang in den Eileiter, in diesem aufzufinden. Ich halte dieses Trotz meiner Bekanntschaft mit dem Objecte für einen höchst glücklichen Zufall, da die Beobachtung wirklich so schwierig ist, dafs man sich nicht wundern dürfte, unter zehn Mal neun Mal vergebens zu suchen.

Das nun aus dem Eileiter entfernte Eichen hatte unter dem Microscop noch ganz das Ansehen eines Eierstockeies. Die Zona war noch von den Zellen des Discus umgeben, obgleich dieselben nicht in Fasern ausgezogen waren, auch sichtlich schon unter einander zu verschmelzen anfingen. Das Eichen hatte mit dem Discus einen Durchmesser von 0,0079 P. Z. = $\frac{1}{11}$ P. L. = $\frac{11}{50}$ Millim. Der Dotter füllte als eine feinkörnige, wenig dunkle Masse das Innere der Zona ganz aus. Nachdem ich mit einer feinen Nadel die Zellen des Discus von der Zona entfernt hatte, mafs ich den Durchmesser des Eies in der Zona 0,0054 P. Z. = $\frac{1}{15}$ P. L. = $\frac{7}{50}$ Millim. Die Zona selbst war 0,0006 P. Z. = $\frac{1}{133}$ P. L. = $\frac{1}{59}$ Millim. dick. Ein Keimbläschen konnte ich nicht durch den Dotter durchschimmern sehen, wie dieses sonst bei dem Eierstockei des Schaafes meist möglich ist.

Nachdem das Eichen dann eine Zeitlang mit wässrigem und mit etwas Kochsalz versetztem Eiweise in Berührung gestanden, entwickelten sich an ihm mehrere sehr bemerkenswerthe Veränderungen, welche ich hier ebenfalls mittheilen will. Es trat nämlich zunächst eine Endosmose in die Zona ein, wodurch diese ausgedehnt und das Ei etwas elliptisch gestaltet wurde, so dafs dasselbe nach einiger Zeit in seinem gröfseren Durchmesser 0,0071 P. Z. = $\frac{1}{12}$ P. L. = $\frac{19}{100}$ Millim., mit seinem kleineren 0,0060 P. Z. = $\frac{1}{13}$ P. L. = $\frac{8}{50}$ Millim. mafs. Als weitere Folge davon füllte nun aber auch der Dotter das Innere der Zona nicht mehr ganz aus, sondern stand ansehnlich von der Innenfläche derselben ab. In dem Zwischenraume zwischen ihm und der Zona war jetzt ein kleines, das Licht ziemlich stark brechendes, etwas gelblich schimmerndes Bläschen oder Körnchen, 0,0005 P. Z. $= \frac{1}{167}$ P. L. $= \frac{1}{77}$ Millim. grofs, sichtbar, ganz genau so wie ich ein solches auch bei Kaninchen- und Hundeeiern im oberen Dritttheile der Eileiter neben dem die Zona nicht mehr ausfüllenden Dotter gesehen und beschrieben habe. Ich habe die Vermuthung aufgestellt, dafs dieses Körperchen der Kern des sich aufgelöst habenden Keimbläschens gewesen sei, und gestehe, dafs ich durch gegenwärtige Beobachtung mich in dieser Hinsicht wieder bestärkt finde, da auch hier das Keimbläschen, höchst wahrscheinlich erst seit ganz Kurzem, verschwunden war.

Aufserdem bot der Dotter dieses Eies, nachdem er sich von der Zona getrennt hatte, das täuschendste Ansehen einer besondern Dotterhaut dar, welches mir bis jetzt noch je vorgekommen. Auch erinnere ich mich, dafs mehrere Beobachter, z. B. Prof. Bruns, gerade an dem Eie des Schaafes diese Dotterhaut ganz besonders deutlich erkannt haben wollen. Der Dotter hatte eine sehr scharfe Gränze, die namentlich bei einer gewissen Stellung des Microscopes als eine dunkle Linie, wie gebildet von einer Membran, erschien. Es schien selbst, als wenn zwischen ihr und der körnigen Dottermasse ein Zwischenraum vorhanden sei. Dennoch blieb ich auch in diesem Falle überzeugt, dafs der Dotter aufser der Zona keine besondere Dotterhaut besitzt, sondern dafs derselbe vielmehr eine Gallert- oder Eiweiskugel ist, in welcher die Dotterkörnchen suspendirt und vertheilt sind. Je sparsamer die Letzteren gegen ihr Bindemittel sind, um so weniger dicht und dunkel ist der Dotter, wie dieses nun namentlich bei dem Ei des Schaafes der Fall ist. Die Oberfläche und also auch der Rand des Durchschnittes der Kugel wird gröfstentheils von diesem Bindemittel gebildet, und giebt daher eine sehr scharfe Contour, die von einer feinen, durchsichtigen Hülle herzurühren scheint. Dafs dem so ist, lehrt erstens die recht sorgfältige Beobachtung mit einem guten

Microscope, namentlich einem Oberhäuser, der allein so scharfe Bilder giebt, wobei man sich von dem geschilderten Verhalten bei sanften Veränderungen des Focus direct überzeugen kann. Zweitens sah ich bei fortwährender Beobachtung, wie der Dotter offenbar von der in die Zona eingedrungenen Flüssigkeit nach und nach absorbirte. Bald hier bald dort quoll er gewissermafsen auf, die scharfe Contour ging verloren, während sie an anderen Stellen blieb, so dafs dieses unmöglich von dem Platzen einer feinen Hülle herrühren konnte. Drittens, nachdem ich das Ei mit dem Compressorium gesprengt hatte, zeigten selbst noch einzelne Fragmente des Dotters jenen scharfen Rand, der also nicht von einer umhüllenden Membran herrühren konnte. Endlich Viertens beweiset auch jenes Körnchen neben dem Dotter, dafs dieser keine besondere Hülle haben könne. Denn dasselbe war jedenfalls früher in dem Dotter, wenn gleich an seiner Oberfläche eingeschlossen gewesen, jetzt aber war es frei in dem Zwischenraume zwischen dem Dotter und der Zona. Eine umhüllende Membran des Dotters würde dieses unmöglich machen.

Ich lege auf diesen Punkt ein grofses Gewicht, da diese Frage nach einer besondern Dotterhaut entscheidend für die fernere Entwicklung des Eies ist. Indem ich sie bei fortgesetzter Prüfung fort und fort in Abrede stellen mufs, wünschte ich, dafs auch Andere sich in ihren Ansichten bestärken oder sie berichtigen möchten.

Ueberhaupt aber beweiset vorstehende, an einem jungen, noch nie brünstigen und noch nie befruchteten Thiere gemachte Beobachtung unzweifelhaft auf das Vollständigste die von der Begattung ganz unabhängige Reifung und Loslösung des Eies vom Eierstocke.

Am 18. und 19. December 1843 bemerkte ich zuerst, dafs eine grofse Hündinn, welche in meinem Besitz war, anfing in die Brunst zu treten. Die Vulva war sehr angeschwollen und die Hunde verfolgten die Hündinn heftig. Am 19. machte ich einen Versuch, ob sie sich wollte belegen lassen. Allein obgleich sie mit dem Hunde eifrig spielte, wollte sie denselben doch noch nicht zulassen. Ich hielt sie nun streng eingesperrt, und liefs am 21. abermals einen Hund zu ihr. Jetzt schien sie die Begattung zulassen zu wollen, indem sie dem Hunde still hielt. Ich gestattete dieselbe aber nicht, und liefs die Thiere wieder trennen. Am 23. Morgens 10 Uhr schnitt ich nun dieser Hündinn den linken Eierstock und Eileiter aus, und schlofs darauf die Wunde durch die Naht. Es zeigte sich, dafs die Graaf'schen Follikel noch nicht geöffnet waren; vier derselben waren aber stark angeschwollen und hatten einen Durchmesser von 2—2$\frac{1}{2}$ P. L. = 4—5 Millimeter. Ich schälte dieselben vorsichtig aus dem Stroma des Eierstockes heraus und brachte sie möglichst rein präparirt auf ein Glasplättchen. Als ich das erste derselben öffnete, stürzte mit der Flüssigkeit ein mit seinem Discus versehenes Ovulum heraus, welches 0,0078 P. Z. = $\frac{11}{50}$ Millimeter im Durchmesser hatte. Zu meiner Ueberraschung enthielt indessen dieses Graaf'sche Bläschen noch ein zweites Ei, mit seinem Discus 0,0081 P. Z. = $\frac{1}{4}$ Millimeter im Durchmesser. Auch die drei übrigen Follikel enthielten jedes ein Ei von ungefähr derselben Gröfse. Die innere Fläche der Graaf'schen Follikel war bereits mit zarten Granulationen, den Anfängen der den gelben Körper bildenden Masse besetzt, die, wie es mir scheint, aus den Zellen der Membrana granulosa sich entwickeln. Ich beobachtete hier an mehreren Graaf'schen Bläschen sehr bestimmt die Art und Weise, wie die Eichen in ihnen eingelagert sind. Die Zellen des Discus bilden nämlich einen kleinen Zapfen, dessen rundlichen Kopf das Eichen einnimmt, mit welchem er frei in die mit Flüssigkeit gefüllte Höhle des Graaf'schen Follikels hineinragt; mit seiner Basis sitzt er an einer Stelle der Wand des Follikels, wahrscheinlich gerade da, wo derselbe sich öffnet, an.

Uebrigens schienen diese Eier offenbar noch nicht völlig reif zum Austritte. Nicht nur nämlich waren die Graaf'schen Bläschen noch nicht sehr verdünnt, sondern die Zellen des Discus waren auch noch nicht in jene Fasern ausgezogen, welche die volle Reife des Eies bezeichnen. Waren dieselben mit der Nadel von der Zona entfernt, so maſsen die Eier in dieser 0,0060—0,0065 P. Z. = $\frac{8}{50}$—$\frac{1}{6}$ Millimeter. Der Dotter füllte in allen das Innere der Zona vollkommen aus, und nur an einer kleinen Stelle waren die Dotterkörnchen von derselben in der Art zurückgewichen, als befände sich hier das Keimbläschen. Indessen konnte ich dasselbe weder so lange die Eier noch geschlossen waren, noch als ich sie mit dem Compressorium geöffnet, bestimmt zu Gesicht bekommen. — Ich glaube hiernach überzeugt sein zu können, daſs wenn die Hündinn jetzt belegt worden wäre, die Spermatozoiden gewiſs noch Zeit gehabt hätten, bis zum Eierstocke zu gelangen, ehe die Graaf'schen Bläschen sich geöffnet hätten.

Erst fünf Tage nachher lieſs ich die Hündinn tödten, damit die Eröffnung der Follikel bestimmt erfolgt sein möchte. In der That lehrte denn nun auch sogleich der erste Anblick des Eierstockes, daſs diese Eröffnung erfolgt war. Die von dem Bauchfell gebildete Tunica vaginalis des Eierstocks enthielt eine ansehnliche Menge eines wasserhellen Serums. An dem Eierstocke selbst waren vier gelbe Körper stark entwickelt. Bei zweien derselben war die Masse der sie bildenden Granulationen stark aus der früheren Oeffnung der Follikel hervorgewuchert, wie ich dieses selten bei Hunden gesehen habe. Bei den beiden andern hatte sich diese Oeffnung wahrscheinlich früher geschlossen, ehe die Masse des gelben Körpers sich schon so stark ausgebildet, und sie waren daher mehr in das Stroma des Eierstockes eingesenkt.

Nachdem ich nun den Eileiter sorgfältig präparirt und ihn dann auf eine Wachstafel aufgesteckt und mit einer feinen Scheere geöffnet hatte, fand ich die vier ausgetretenen Eier schon weit in ihm fortgerückt, 3 P. Z. = 8 Centimeter von dem Ostium abdominale dicht bei einander. Der Eileiter selbst war 5 P. Z. = 13 Centimeter lang. Von diesen Eiern hatten drei das gewöhnliche normale runde Ansehen; das vierte dagegen hatte eine von mir schon öfter bei Hunden gesehene, abweichende, elliptische, fast guitarrenförmige Gestalt. Alle hatten noch ihren Discus um die Zona, doch war es deutlich, dafs diese Zellen nicht mehr ihr volles, normales Ansehen besafsen, sondern bereits sich aufzulösen angefangen hatten. Die Gröfse der Eier hatte etwas zugenommen, denn sie mafsen mit dem Discus im Durchmesser 0,0090—0,0097 P. Z. Mit dem Dotter war dieses nicht der Fall, sondern er schien sich eher etwas condensirt zu haben, daher er die Zona bei allen Eiern nicht mehr ganz ausfüllte. Uebrigens besafs er seine gewöhnliche Form, keine Spur von Theilung war an ihm entwickelt. In dem Zwischenraum zwischen dem Dotter und der Zona befand sich in einem Eichen jenes im Anfange des Eileiters in den Eiern, wie es scheint, immer bemerkbare, $\frac{1}{140}$ P. L. = $\frac{1}{62}$ Millim. grofse Bläschen oder Körnchen, welches ich früher für den Kern des Keimbläschens erklärt habe. Bei den drei andern Eiern bemerkte ich Nichts dergleichen. Von dem Keimbläschen selbst sah ich in keinem Eie eine Spur mehr.

Ich glaube nicht, dafs es möglich ist, vollständiger als durch diese bei ein und demselben Thiere angestellte doppelte Beobachtung den ganzen Vorgang der Reifung und des Austrittes der Eier während der Brunst ohne Begattung nachzuweisen.

Am 4. Januar 1844 erhielt ich die Genitalien einer Sau, welche seit 48 Stunden die stärksten Zeichen der Brunst gegeben hatte, allein zu keinem Eber gelassen worden war. Es fanden sich aber jetzt die Graaf'schen Bläschen noch geschlossen. An beiden Eierstöcken war zwar eine bedeutende Zahl derselben stark entwickelt, und namentlich zeichneten sie sich vor den übrigen durch einen gröfsern Gefäfs- und

Blutreichthum auffallend aus. Allein noch keines derselben war geöffnet, auch erhielt ich sogleich aus einem, welches ich aus dem Eierstocke ausschälte und auf einem Glasplättchen öffnete, das Eichen. Es war, wie immer, von den Zellen seines Discus umgeben, welche indessen noch rund und nicht in Fasern ausgezogen waren. In dem Durchmesser seiner Zona mafs es 0,0060 P. Z. Der Dotter, welcher gröfstentheils aus ziemlich grofsen Fetttröpfchen bestand, füllte das Innere der Zona nicht ganz aus. Nachdem ich die Zellen des Discus mit einer Nadel entfernt hatte, und das Eichen nun flach auf dem Glasplättchen auflag, hatte sich sein Durchmesser auf 0,0068 P. Z. vergröfsert, der Dotter füllte nun das Innere der Zona ganz aus, und indem seine Elemente etwas auseinander gewichen waren, kam an einer Stelle der Peripherie desselben ein heller runder Fleck zum Vorschein, der sich dem Kundigen sogleich als das Keimbläschen zu erkennen gab, obgleich seine von den Dotterkörnchen bedeckten Ränder nicht erkennbar waren. In der That trat bei Zerquetschen des Eies durch einen gelinden Druck das Keimbläschen mit seinem Keimfleck auch frei heraus, welcher letztere zwar ansehnlich grofs war, aber auch bei sehr starker Vergröfserung keine weitere Zusammensetzung erkennen liefs.

Das Thier war also offenbar zu früh getödtet worden, zu einer Zeit, wo sich die Erscheinungen der Brunst noch nicht bis zur Eröffnung der Graaf'schen Bläschen und dem Austritte der Eier ausgebildet hatten.

Einige Wochen früher hatte ich am 4. December 1843 die Genitalien einer andern Sau untersucht, welche von Jugend auf von dem Eber entfernt gewesen war. Der Besitzer versicherte, dafs er schon früher mehrere Male Zeichen der Rühischkeit an ihr wahrgenommen habe, und dieselben auch gerade jetzt wieder seit einiger Zeit, über die er indessen nicht die nöthige genaue Angabe machen konnte, vorhanden gewesen seien. Bei der Untersuchung der Eierstöcke zeigte es sich, dafs an beiden frische gelbe Körper vorhanden waren. An dem rechten Eierstocke waren deren achte. Sie hatten alle die Gröfse einer starken Erbse und ragten stark über die Oberfläche des Eierstockes hervor. Ihre Farbe war dunkel braunroth. An allen bemerkte man an ihrer höchsten Spitze einen kleinen, lebhaft roth gefärbten Fleck, aber eine deutliche Oeffnung war hier nicht mehr zu sehen. Wenn man aber die Tunica propria des Eierstockes mit ihrem serösen Ueberzuge von der Oberfläche eines solchen gelben Körpers abpräparirte, so zeigte sich derselbe gerade an dieser Stelle von einer kleinen Oeffnung durchbrochen. Die gelben Körper bestanden aus einer ohngefähr eine P. L. dicken, peripherischen Schichte von fleischähnlichen Granulationen, wie sie sich von der Innenfläche eines Graaf'schen Bläschens bei dessen Uebergang in einen gelben Körper immer entwickeln. Diese umschlofs eine ansehnliche, mit dunkelrothem Blutcoagulum erfüllte Höhle, welches mit den Granulationen innig zusammenhing. Ein Ei konnte ich in keinem entdecken. Auf der linken Seite befanden sich zwei eben so beschaffene, gelbe Körper. Daneben zwei andere, welche bedeutend gröfser und fast durchsichtig röthlich schimmernd waren. Auch an diesen war der kleine rothe Fleck an ihrer höchsten Spitze vorhanden. Ihre peripherische Schichte war weit weniger entwickelt, als an den übrigen. Sie umschlofs ein durchscheinendes, röthliches Coagulum und noch eine ansehnliche Menge einer ähnlichen, nicht geronnenen Flüssigkeit, die aber alsbald gerann, sobald sie an der Luft auf einem Glasplättchen ausgeleert worden war. Auch dieses Coagulum hing mit den Wänden zusammen. Diese beiden hätte man für noch nicht geöffnete Graaf'sche Bläschen halten können, da, wenigstens bei Hunden, auch schon vor der Eröffnung derselben die Masse des gelben Körpers sich von den Wandungen her zu entwickeln beginnt. Allein 1) der kleine rothe Fleck an ihrer Spitze, die Stelle der Oeffnung, 2) der doch schon eingetretene Blutaustritt im Innern, 3) der Mangel eines Ovulums, welches ich wenigstens nicht finden konnte, sprachen dafür, dafs auch diese beiden Bläschen sich schon geöffnet hatten, dafs aber dann, wie ich dieses auch bei Hunden, wo ich die Eier im Eileiter fand, gesehen habe, die Oeffnung sich wieder verschlossen hatte, und nun eine abermalige Absonderung von Liquor sanguinis in dem entleerten Bläschen Statt gefunden hatte, wodurch dasselbe wieder ausgedehnt worden war.

Leider glückte es mir nicht, die Eier in den Eileitern zu finden, obgleich ich sie mehrere Stunden lang sorgfältig durchsuchte. Allein dieses halte ich auch bei der bedeutenden Weite und Länge des Eileiters, bei den vielen Falten, welche er besitzt, für so schwierig, dafs ich diesen negativen Erfolg für keinen Beweis halte. Ueberdem ist es wahrscheinlich, dafs die Eier, als nicht befruchtet, schon aufgelöset waren. Die starke Entwicklung der meisten gelben Körper, und der nicht mehr sehr auffallende Grad von Turgescenz des Uterus und der Scheide, schienen anzudeuten, dafs die Rühischkeit schon einige Zeit vorüber war.

Bei einem andern Schweine, welches ebenfalls von Jugend auf vom Eber getrennt gewesen war, sah ich 14 Tage nachdem man die Brunst bei ihm wahrgenommen, vollkommen entwickelte gelbe Körper in den Eierstöcken, hielt es aber für vergebens, noch nach den Eiern zu suchen.

Bald darauf aber erhielt ich die Genitalien einer jungen Sau, die noch nie trächtig gewesen, von welcher ich bestimmt wufste, dafs sie bereits seit 13 Tagen allein eingesperrt war. Vor 5 Tagen zeigten sich bei ihr die ersten Spuren der Rühischkeit, und nachdem dieselben bereits nachzulassen angefangen, wurde das Thier am Morgen des fünften Tages geschlachtet. Sogleich beim Anblicke der Eierstöcke zeigte es sich, dafs die Eier bereits ausgetreten waren; denn an dem einen derselben waren sieben, an dem andern sechs frische gelbe Körper entwickelt. An denselben war keine Oeffnung mehr zu bemerken, auch enthielten sie keine gröfsere, mit Blut oder seröser Flüssigkeit angefüllte Höhle mehr, sondern die Graaf'schen Bläschen waren schon ganz durch Granulationen auf die gewöhnliche Art ausgefüllt. Die Aufbruchstelle machte sich indessen doch noch durch ihre stärkere Röthe deutlich bemerkbar. Ich schritt nun sogleich zur genauen Durchsuchung des 11 Par. Zoll langen und, besonders in seiner ersten Hälfte, sehr faltenreichen Eileiters. Durch Abtragen des Epitheliums von Stelle zu Stelle und Untersuchung desselben mit dem einfachen Microscope gelang es mir, zehn Eier in dem untern Theil der Eileiter, etwa 2—4 Zoll von dem Ostium uterinum desselben und in einiger Entfernung von einander aufzufinden. Dieselben glichen, unter dem Microscope betrachtet, im Allgemeinen einem seines Discus proligerus beraubten Eierstockeie. Ihr Durchmesser betrug 0,0064 bis 0,0068 P. Z. (= $\frac{1}{13}$ P. L. = $\frac{1}{6}$ Millimeter, ungefähr). Es war keine Spur von Eiweis um die Zona herum entwickelt, sondern diese bildete die einzige, bei den meisten 0,0005 P. Z. = $\frac{1}{17}$ P. L. = $\frac{1}{8}$ Millimeter dicke Eihülle. Der Dotter füllte in den meisten Eiern das Innere der Zona nicht vollkommen aus und variirte in seinem Durchmesser von 0,0040 bis 0,0054 P. Z. = $\frac{1}{20}$ bis $\frac{1}{15}$ P. L. = $\frac{1}{9}$ bis $\frac{7}{50}$ Millimeter. In seiner Zusammensetzung fanden sich dieselben gröfseren Fettbläschen, welche auch das Eierstockei des Schweins auszeichnen, doch waren dieselben in den meisten Eiern ungleichmäfsig in der Dottermasse vertheilt, so dafs dieselbe ein unregelmäfsig fleckiges Ansehen hatte. Die Contour des Dotters war auch hier wieder so scharf, dafs man besonders bei einer gewissen Stellung des Microscops das Vorhandensein einer besondern Dotterhaut hätte annehmen können (wie dieses auch Dr. Meyer grade beim Ei des Schweines begegnet ist); allein dieselben Verhältnisse, welche ich schon oben bei dem Eie des Schaafes erwähnt habe, lieferten auch hier wieder den vollständigen Beweis, dafs eine solche wirklich nicht vorhanden war. Von dem Keimbläschen konnte ich nichts mehr entdecken, doch befand sich auch hier wieder in einigen Eiern zwischen Dotter und Zona ein sehr blasses Körnchen, welches wiederum dem Kerne des Keimbläschens, dem Keimflecke, entsprechen könnte, wie ich dies bereits erwähnt habe.

Diese drei Beobachtungen bei dem Schweine liefern also auch für dieses Thier den vollständigsten Beweis des von mir aufgestellten Gesetzes.

Ich glaube auch noch folgende bei einer Ratte angestellte Beobachtung hierher rechnen zu dürfen. Dieselbe war in der Nacht vom 1. zum 2. Februar 1844 in einer Falle gefangen worden, und blieb bis zum 3. desselben Monats 11 Uhr Morgens in derselben am Leben. Nachdem sie sodann ertränkt worden war, zeigte es sich, dafs an den Eierstöcken zahlreiche grofse und frische gelbe Körper entwickelt waren. Da ich daraus auf seit Kurzem bestehende Trächtigkeit schlofs, so durchsuchte ich Scheide, Uterus und Eileiter auf das Genaueste, fand aber in keinem dieser Theile irgend eine Spur von männlichem Saamen, wohl aber in dem Anfange der Eileiter die ausgetretenen Eier. Ich bemerke, dafs dieselben, wie bei der Maus, aufserordentlich schwer im Eileiter aufzufinden sind. Der Eileiter ist nämlich zunächst so eng, dafs es nicht möglich ist, ihn mit einer auch noch so feinen Scheere aufzuschneiden. Es bleibt daher nichts übrig, als zuerst die Windungen des Eileiters sorgfältig auszupräpariren, was auch schon keine Kleinigkeit ist, da sie sehr dichtgedrängt sind und der Eileiter selbst kaum eine halbe Pariser Linie dick ist, dann den Eileiter durch vorsichtiges und sanftes Streichen stückweise nach und nach seines Inhaltes auf ein Glasplättchen zu entleeren, und diesen nun unter einem einfachen Microscope (auch Oberhäuser's Microscope pancratique) auf das Genaueste zu durchsuchen. Die Eier selbst sind aber auch dann noch sehr schwer zu entdecken, denn sie sind nicht nur sehr klein, sondern auch fast vollkommen durchsichtig, da der Dotter nur von einer sehr blassen, feinkörnigen Substanz gebildet wird. Ich war dennoch, wie gesagt, so glücklich, die Eier in dem oberen Drittheile des Eileiters zu finden. Sie besafsen, die Zona mitgerechnet, einen Durchmesser von 0,0041 P. Z. = $\frac{1}{20}$ P. L. = $\frac{1}{9}$ Millimeter; die Zona war etwa 0,0002 P. Z. = $\frac{1}{400}$ P. L. = $\frac{1}{166}$ Millimeter dick. Um die Zona herum war nichts mehr von den Zellen des Discus zu bemerken. Die Dottermasse füllte das Innere der Zona bei allen Eiern vollkommen aus und ich konnte in derselben nichts von einem Bläschen, Körperchen oder dergleichen entdecken. Letzteren Umstand würde ich für sehr wichtig halten, wenn die Beobachtung selbst keinen Zweifel an ihrer Sicherheit zuliefse; denn da der Dotter fast vollkommen durchsichtig ist, so würde man hier besser, als bei einem andern bis jetzt untersuchten Säugethiereie, die Veränderungen, welche sich mit dem Keimbläschen oder Keimflecke vor dem Beginne der Dottertheilung ereignen, beobachten können. Der Inhalt des Eileiters ist aber so gering, dafs man gar nicht ohne einen Zusatz von Flüssigkeit die Eier beobachten kann, und es fragt sich, welche Veränderungen derselbe (hier Speichel) bereits im Innern des zarten Eichens hervorgebracht hatte. — Ein Eierstockei, welches ich untersuchte, hatte ungefähr denselben Durchmesser, der Dotter war aber noch blasser und in demselben erkannte man das 0,0011 P. Z. = $\frac{1}{70}$ P. L. = $\frac{1}{31}$ Millimeter grofse Keimbläschen mit seinem etwa 0,00039 P. Z. = $\frac{1}{210}$ P. L. = $\frac{1}{93}$ Millimeter grofsen Keimflecke auf das allerdeutlichste. Der Keimfleck brach das Licht sehr stark, hatte sehr dunkle Contouren und glich einem Fetttröpfchen.

Ich glaube nun, dafs diese Ratte nicht belegt war, und dafs dennoch die Eier den Eierstock verlassen hatten und in den Eileiter eingetreten waren. Wäre eine Begattung vorausgegangen, so würden, nach Allem, was ich darüber bei andern Thieren gesehen habe, da die Eier noch im oberen Stücke des Eileiters enthalten waren, an irgend einer Stelle in den weiblichen Genitalien die Spermatozoiden noch aufzufinden gewesen sein. Bei einer Maus, bei welcher ich vor ungefähr zwei Jahren die Eier ungefähr an der gleichen Stelle im Eileiter auffand, strotzten der ganze Uterus und die Eileiter von Saamen und es fanden sich auch auf der Zona der Eier Spermatozoiden. Wahrscheinlich war daher diese Ratte im Beginne der Brunst bei dem Aufsuchen eines Männchens in die Falle gerathen, und die Eier nun auch ohne Begattung aus den Graaf'schen Follikeln ausgetreten.

Bei dem Kaninchen haben frühere Beobachter, und unter diesen auch Barry (Researches in Embryologie, second ser. p. 319, §. 161) öfter ziemlich angeschwollene und mit Blut erfüllte Graaf'sche Bläschen an den Eierstöcken gesehen. Auch mir sind dieselben mehrere Male vorgekommen, aber immer nur bei Kaninchen, welche lange Zeit isolirt von den Männchen gesessen hatten. Ich fand in ihnen nie ein Ei, sondern nur Blutkörperchen, deren Gestalt noch mehr oder weniger deutlich und bestimmt erhalten und zu erkennen war. Es ist mir wahrscheinlich, dafs dieses Graaf'sche Bläschen einer frühern Brunst sind, aus denen die Eier, ohne dafs eine Begattung und Befruchtung Statt gefunden, ausgetreten waren. Vor Kurzem untersuchte ich ebenfalls ein Kaninchen 6—8 Stunden nach der Begattung, bei welchem die Eier aus den sehr angeschwollenen Graaf'schen Bläschen noch nicht ausgetreten waren. Es fanden sich aber aufser diesen an beiden Eierstöcken ansehnlich grofse, gelbe Körper, welche nicht von einer vorausgegangenen Trächtigkeit herrühren konnten, da sie dazu viel zu grofs waren und das Thier aufserdem auch schon seit vielen Wochen isolirt gesessen hatte. Ich glaube daher, dafs sie ebenfalls gelbe Körper einer unbenutzt vorübergegangenen Brunst waren.

Es ist nun nach allem Diesem ganz gewifs, dafs bei der Brunst, auch wenn gar keine Begattung Statt findet, die Eier sich bei den Säugethieren vom Eierstock lösen, in die Eileiter treten, aber hier zu Grunde gehen; an dem Eierstocke aber die gelben Körper sich eben so bilden, als wenn Begattung und Befruchtung Statt gefunden.

Als Gegenstück zu vorstehenden Beobachtungen, welche die Unabhängigkeit der Reifung und Loslösung der Eier von dem männlichen Saamen darthun, will ich noch eine andere Thatsache anführen, welche anderer Seits für den männlichen Saamen dasselbe zeigt.

Am 6. März 1842 untersuchte ich eine Hündinn, von welcher ich nicht wufste, wann sie sich zum ersten Male, bestimmt aber, dafs sie sich noch Tags zuvor hatte belegen lassen. Der linke Eierstock zeigte drei Corpora lutea und in der Mitte des Eileiters fand ich die drei Eier in ihrer normal auf dieser Stufe zu erwartenden Beschaffenheit. Der rechte Eierstock dagegen war sehr klein und zeigte weder ein angeschwollenes, noch ein geöffnetes Graaf'sches Bläschen, noch gelben Körper, und natürlich befand sich auch kein Ei im Eileiter. Allein ich fand Spermatozoiden im Uterus und Eileiter bis hinauf auf den Eierstock. Dieses beweiset zuverlässig, dafs hier gar keine bewufste Tendenz der Zweckmäfsigkeit wirksam ist. Nach der gewöhnlichen Betrachtungsweise organischer Erscheinungen, wobei man immer einen bewufsten Zweck voraussetzt, hätte man vermuthen sollen, dafs, wo kein Ei zu befruchten war, der Saamen auch nicht hingelangen würde. Allein dieser war ganz ungestört seinen gewöhnlichen Weg gegangen, gleichwie das Ei seinen Weg ganz unabhängig von dem Saamen nimmt. Hier wirkt keine Anziehung, keine Polarität und dergleichen, womit wir so gerne zur vermeinten Erklärung gewisser Naturerscheinungen bei der Hand sind. Ei und Saamen sind durchaus selbstständige Producte der älteren Organismen. Ihr Begegnen und die Befruchtung des Eies dadurch sind, obwohl für die Erhaltung der Gattung nothwendige, doch an sich ganz zufällige Ereignisse, wie dieses denn auch in der sonstigen organischen Natur so oft ganz deutlich ersichtlich ist.

Wenn nun durch Vorstehendes für die Säugethiere erwiesen ist, dafs ihre Erzeugung und Fortpflanzung primo loco durch die spontane periodische Bildung und Reifung von Eiern, und nicht durch die

Begattung bedingt ist, so läfst die Analogie schon von selbst auch für den Menschen das Gleiche voraussetzen. Allein es fehlt auch hier schon wenigstens nicht an indirecten Beweisen.

Es ist bekannt, dafs man schon seit lange und oft die Menstruation des Weibes mit der Brunst der Thiere verglichen hat. Dieser Ansicht haben sich zu allen Zeiten die einsichtsvollsten Aerzte und Naturforscher angeschlossen, wenn sie gleich auch von nicht minder bedeutenden angefochten wurde. Wenn ich unter den letzteren als den bedeutendsten Burdach betrachte, so scheint mir unter allen von ihm vorgebrachten Gründen nur allein der von Bedeutung, dafs er bemerkt, wie rücksichtlich des Geschlechtstriebes und der Begattung ein wichtiger Unterschied zwischen Brunst und Menstruation bestehe. Das Thier begatte sich nur zur Zeit der Brunst; der Mann fühle sich dagegen zur Zeit der Menstruation stets von dem Weibe zurückgestofsen. Wäre dieses wahr und richtig, so würde darin auch nach meiner Ansicht ein wesentlicher Unterschied beruhen. Allein aufmerksame Beobachter haben schon früher bemerkt, und ich kann dieses nur bestätigen, dafs ein solcher Unterschied durchaus nicht besteht. Nämlich auch das weibliche Thier zeigt bei dem Eintritte der Brunst einen Zustand von Kränklichkeit, während dessen es die Begattung durchaus nicht zuläfst. Erst wenn die die Brunst begleitenden Phänomene bis zu einer gewissen Stufe entwickelt sind, sucht es die Begattung. Es ist aber auch bekannt, dafs bei dem Weibe mit dem Ablaufe der Menstruation ein Gefühl erhöhten Wohlseins eintritt und der Geschlechtstrieb sich vorzüglich äufsert, dafs sich also hier die vollkommenste Uebereinstimmung findet, und alle Gründe, welche man für die Analogie von Brunst und Menstruation aufgeführt hat, mir wohl befestigt zu sein scheinen; deren Wiederholung ich aber hier als überflüssig betrachte.

Schon lange ferner theilen alle einsichtigen Anatomen, Physiologen und Aerzte die Ueberzeugung, dafs die Ursache der Menstruation wie des Geschlechtstriebes und des ganzen weiblichen Charakters in den Eierstöcken zu suchen ist, der Uterus dagegen, wenn er gleich das Organ ist, in welchem sich ganz besonders die Klassen- und Gattungs-Charaktere in der Sphäre der Genitalien aussprechen, in diesen Beziehungen nur eine secundäre Bedeutung hat. Zahlreiche pathologische Fälle der verschiedensten Art und primäre Bildungsabweichungen kommen hierin auf das Constanteste überein. Ich will von denselben hier nur eine neuere, weniger bekannte Erfahrung über weibliche Castraten anführen, welche Dr. Roberts in einem Werke über eine Reise von Delhi nach Bombay mittheilt. Die von ihm untersuchten Personen waren ohngefähr 25 Jahr alt, grofs, muskulös und vollkommen gesund. Sie hatten keinen Busen, keine Warze und keine Schaamhare. Der Scheideneingang war vollkommen verschlossen, und der Schaambogen so enge, dafs sich die aufsteigenden Aeste der Sitzbeine und die absteigenden der Schaambeine fast berührten. Die ganze Gegend der Schaamtheile zeigte keine Fettablagerung, ebenso wie die Hinterbacken nicht mehr entwickelt waren wie bei Männern, während der übrige Körper hinreichend mit Fett versehen war. Es war keine Spur einer Menstrualblutung oder eine deren Stelle vertretende vorhanden; ebenso kein Geschlechtstrieb.

In der neuesten Zeit nun sind auch die directen anatomischen Beweise hierfür geliefert worden. So befremdend es Anfangs bei den unendlichen, über die gelben Körper geführten Streitigkeiten erschien, so unterliegt es doch schon keinem Zweifel mehr, dafs bei jeder Menstruation der Eierstock in einen erhöhten Thätigkeitszustand geräth, ein Graaf'sches Bläschen sich bedeutend entwickelt, platzt, und ein gelber Körper an dessen Stelle sich bildet. Die Untersuchungen von R. Lee, Paterson, William Jones, Negrier, Gendrin, Raciborsky und Pouchet lassen hieran gar nicht mehr zweifeln. Es würde zu weit führen, ihre Beobachtungen hier wiederzugeben. Ich will nur erwähnen, dafs ich bis jetzt selbst viermal Gelegenheit gehabt habe, eine hierher gehörige Beobachtung zu machen, alle viere bei jungen, kräftigen Personen, deren drei im Wasser ihren Tod gefunden, die vierte sehr schnell gestorben war. Ich fand bei ihnen allen die unzweifelhaften Erscheinungen der Menstruation, und zugleich bei dreien ein geplatztes und mit geronnenem Blut gefülltes, bei der vierten ein enorm angeschwollenes, gegen sieben P. L. im Durchmesser haltendes Graaf'sches Bläschen an den Eierstöcken. In einem Falle erfuhr ich später auch noch bestimmt, dafs die Menstruation eben vorhanden gewesen sei, als die Person verunglückte.

So eben erhalte ich auch noch von Herrn Dr. und Prosector Ecker in Heidelberg die Nachricht, dafs derselbe bei einer vor Kurzem dort hingerichteten Person von 25 Jahren, bei welcher zwölf Tage vor ihrem Tode die Menstruation vorhanden gewesen war, einen Graaf'schen Follikel geplatzt und mit einem frischen Blutcoagulum gefüllt fand. Vergebens suchte derselbe indessen eifrig und lange nach einem Eie in der Tuba, von welchem aber auch vielleicht anzunehmen ist, dafs es zu dieser Zeit schon aufgelöset war. Aufserdem möchte meiner Ansicht nach das menschliche Ei bei seinem wenig dichten Dotter und den wenig scharfen Gränzen, welche seine Zona besitzt, zu den am schwierigsten in den Eileitern aufzufindenden gehören.

Es ist daher nicht zu verwundern, dafs zahlreiche frühere Beobachter, Valisneri, Santorini, Roederer, Haighton, Home, Brugnoni, Cruikshank, Meckel, Blundell u. A. gelbe Körper an den Eierstöcken von Frauen, die nie schwanger waren, und selbst von Jungfrauen und kleinen Mädchen beobachtet haben. Man hat sie immer als Ausnahmen von der Regel, als pathologische Fälle, als Folgen anderweitiger geschlechtlicher Aufregung ohne Begattung betrachtet, während sie unzweifelhaft Folgen einer kurz vorausgegangenen Menstruation oder Eröffnung eines Follikels und Austritt eines Eies waren.

Es ist endlich eine längst bekannte Thatsache, dafs Frauen am Leichtesten unmittelbar nach der Menstruation concipiren, und es fehlt selbst nicht an Beispielen, dafs dieses bei einigen nur bei der Menstruation erfolgte.

Gleicherweise ist es ausgemacht, dafs keine Berechnungsweise der Zeit der Schwangerschaft sicherer ist, als die nach der zuletzt dagewesenen Menstruation. Herr Geheimerath Nägele hat mir gesagt, dafs ihn die Berechnung von neun Monaten und acht Tagen nach der letzten Menstruation in regelmäfsigen Fällen noch nie getäuscht habe. Zugleich theilte mir derselbe mit, dafs er schon öfter Unfruchtbarkeit durch den Rath gehoben, den Coitus sogleich nach, ja selbst noch während der Menstruation vorzunehmen.

Fehlt nun gleich noch die directe Nachweisung des Schicksals des Eichens während und nach der Menstruation, wozu sich recht bald eine Gelegenheit und das nöthige Geschick und Sorgfalt finden möge, so ist dennoch wohl nicht daran zu zweifeln :

„Auch bei dem Weibe findet sich innerhalb der zeugungsfähigen Jahre eine alle vier Wochen wiederkehrende Reifung und Ausstofsung eines Eies des Eierstockes, welche von einer gleichzeitigen Blutausscheidung aus dem Uterus begleitet ist. Diese periodische Reifung eines Eies ist die erste und hauptsächlichste Bedingung einer Empfängnifs und Schwängerung. Nur zu dieser Zeit wird eine Begattung eine Empfängnifs zur Folge haben, zu allen anderen Zeiten aber wird letztere unmöglich sein.“

Ich zweifle nicht daran, dafs wenn man jetzt dieses Gesetz durch fernerhin zu machende Erfahrungen zu prüfen anfangen wird, es sich als wahr und richtig erweisen, so wie zur Erklärung vieler bisher unverstandener Erscheinungen dienen wird.*) Es wird sich dann zeigen, welche Breite der Anwendung demselben bei dem Menschen zu geben ist. Es scheint, dafs die Blutausscheidung aus dem Uterus anfängt, wenn das Ei noch in seinem Graaf'schen Bläschen eingeschlossen ist, und dafs es erst gegen das Ende dieser Blutung austritt. Dann ist dasselbe im Eileiter durch die hinzukommende Begattung wahrscheinlich noch mehrere Tage befruchtungsfähig. Wie lange? Hierüber können nur directe Beobachtungen entscheiden, welche bis jetzt ganz fehlen. So viel glaube ich aber auch hier annehmen zu dürfen, dafs die Befruchtung noch innerhalb des Eileiters erfolgen mufs, da hier höchst wahrscheinlich auch schon die Entwicklung beginnt. Dürften wir danach schliefsen, dafs, so viel bekannt, das Ei des Kaninchens drei, das der Wiederkäuer 4—5 Tage, das des Hundes gegen 8—10 Tage im Eileiter verweilt, so würde man annehmen können, dafs auch das Ei des Menschen noch etwa 8—12 Tage nach dem Austritte aus dem Eierstocke, also wahrscheinlich auch 8—12 Tage nach Aufhören der Blutabscheidung befruchtungs-

*) Vor Kurzem hat Dr. Panck aus Dorpat einen Fall bekannt gemacht, in welchem er eine merkwürdige organische Verbindung zwischen Tuba und Eierstock bald nach der Conception entdeckt zu haben glaubt, durch welche der Uebergang des Eies aus dem Eierstock in den Eileiter vermittelt und gesichert werde. Ich für mein Theil bin überzeugt, dafs, da nicht einmal der vorausgegangene Coitus nachgewiesen war, da ferner Professor Bidder keine Spermatozoiden in den Genitalien fand, da ferner, obgleich der muthmafsliche Coitus fünf Tage vorher Statt gefunden haben sollte, dennoch das Graaf'sche Bläschen noch geschlossen war, hier unzweifelhaft nur ein Fall beginnender Menstruation nicht aber von Conception beobachtet wurde. Die beobachtete organische Verbindung zwischen Eierstock und Tuba halte ich für entschieden pathologisch. Solche zarte Pseudomembranen sind in der Sphäre der weiblichen Zeugungsorgane sehr gewöhnlich, und gerade in dem beschriebenen Charakter.

fähig ist. Doch ist ein solcher Schlufs nach der Analogie gewagt, da wir wissen, dafs rücksichtlich der Zeit, wie lange das Ei in dem Eileiter verweilt, bei den verschiedenen Thieren sehr grofse Verschiedenheiten obwalten, und z. B. das Ei des Rehes nach den Beobachtungen von Dr. Ziegler und meinen eigenen höchst wahrscheinlich Monate zu seinem Durchgange durch den Eileiter gebraucht. Alle bis jetzt vorhandenen Zeitbestimmungen, wenn man 12, 14 oder 21 Tage alte Eier schon im Uterus gesehen haben will, bei denen selbst der Embryo schon weit ausgebildet war, sind ganz unzuverlässig, da sie von dem Zeitpunkte des Coitus an gemacht sind, der nur den Befruchtungstermin, nicht aber die Zeit des Austrittes der Eier aus dem Eierstocke angiebt, und keinen Schlufs auf letztere zuläfst. Es wäre möglich, dafs in der längeren Zeit der Befruchtungsfähigkeit des menschlichen Eies der Grund liegt, warum die Beobachtung bis jetzt darüber nichts anzugeben weifs. Dagegen scheint es nicht, dafs irgend welche gewöhnlichere Verhältnisse, wie physische und moralische Aufregung des Geschlechtstriebes und dergleichen, leicht eine Veränderung in dem Typus der Reifung der Eier und also auch in der Möglichkeit der Befruchtung hervorbringen können. Dem widersprechen die Erfahrungen über die Menstruation, die zwar wohl auch eine Verfrühung oder Verspätung derselben, aber doch nur durch tiefer greifende Einflüsse als möglich und wirklich nachweisen. Es gilt in dieser Beziehung natürlich Alles, was über die Menstruation bekannt ist, da sie ja die Zeit der Reifung eines Eies anzeigt. Aber gerade die hierüber gesammelten Erfahrungen zeigen, dafs eine Veränderung in dem Typus durch blofse Aufregung des Geschlechtstriebes etwas Seltenes ist. Die über die Bildung von gelben Körpern in neuester Zeit gesammelten Erfahrungen beweisen aufserdem auch nur dasselbe, da sie gleichfalls darthun, dafs die genannten Einflüsse schwerlich solche zu erzeugen vermögen.

Es ist gewifs unnöthig, auf die aufserordentliche Wichtigkeit der Entdeckung eines Gesetzes aufmerksam zu machen, welches eines der wichtigsten Interessen des Menschen betrifft. Die Wissenschaft, wie die Gesellschaft überhaupt, sind bei demselben in hohem Grade interessirt. Ich wünsche deshalb auf das Lebhafteste, dafs fernere zahlreiche Prüfungen nicht ausbleiben mögen, und dafs nicht alte, festgewurzelte Vorurtheile, welche man für Erfahrungen hält, demselben entgegen treten mögen. Wer an die Prüfung desselben geht, der möge sich dazu vorher durch tüchtige embryologische Forschungen befähigen, denn es handelt sich hier nicht um leicht zu ermittelnde Dinge. Das beweiset der Irrthum von Jahrhunderten, die nicht gleichgültig gegen diese Frage waren. Ich hoffe, wohlbegründeten Zweifeln begegnen zu können, und will von denselben nur einen, der mir schon öfter entgegen gehalten wurde, sogleich beseitigen. Man hat mir schon öfter gesagt : Wenn die Conception an die Menstruation und diese an die Reifung eines Eies geknüpft ist, wie konnte es dann geschehen, dafs schon öfter Weiber concipirten, die nie menstruirt waren ? Hierauf antworte ich durch die einfache Hinweisung, dafs, wenn gleich die Blutausscheidung eine normale und die am Leichtesten in die Augen springende, begleitende Erscheinung der Reifung eines Eies ist, sie doch keineswegs damit unauflöslich verknüpft ist. Dieses beweiset schon der erste Blick auf die Thierwelt, wo diese periodische Reifung der Eier oft mit, öfter ohne eine solche Blutung auftritt. Sie ist zwar für den Menschen eine durchaus normale und wichtige, allein keineswegs wesentliche, sondern accidentelle Erscheinung. Sie kann fehlen, dennoch können sich reife Eier entwickeln, und daher auch befruchtet werden. Man wird dieses mit der Erfahrung, dafs solche Weiber gewöhnlich auch durchaus nichts Pathologisches zeigten, leicht in Einklang finden.

Es wird ferner auch gewifs nicht fehlen, dafs Viele das ausgesprochene Gesetz auch deshalb bezweifeln werden, weil es kaum zu denken sei, dafs ein so wichtiger Gegenstand so lange der Beobachtung überhaupt, und namentlich auch der der Anatomen und Aerzte bei ihren vielfachen Streitigkeiten über die gelben Körper entgangen sein würde. Hierauf habe ich zuerst zu antworten, dafs ja allerdings manche einschlagenden Punkte längst bekannt waren, wie z. B. die Abhängigkeit der Fruchtbarkeit des Weibes von der Menstruation, die angenommene leichtere Empfängnifs unmittelbar nach der Menstruation, die Berechnung der Schwangerschaft nach der zuletzt dagewesenen Menstruation und dergleichen mehr. Dafs diese Wahrnehmungen nicht zur vollen Erkenntnifs der Sache führten, davon liegt der Grund unzweifelhaft in der öfteren Wiederkehr der Menstruation, oder der Reifung eines Eies und Möglichkeit einer Conception. Würde das Weib nur ein- oder zweimal im Jahre menstruirt sein, so würde man längst bemerkt haben, dafs dieses die einzige Zeit der Möglichkeit einer Conception sei; man würde längst in der Menstruation das vollkommene Analogon der Brunst der Thiere erkannt haben, auch wenn man das wesentlichste Element derselben, nämlich die Reifung der Eier, noch nicht entdeckt gehabt hätte. Bei der vierwöchentlichen Wiederkehr der Menstruation aber wiederholt sich einer Seits die Möglichkeit der Conception so oft, dafs es nicht leicht möglich war, den Zeitpunkt, an welchen sie gebunden war, ohne Weiteres noch genauer zu bestimmen; und anderer Seits ging und geht die Menstruation so oft vorüber, ohne ihren Zweck, Empfängnifs, zu erreichen, dafs die Aufmerksamkeit ganz natürlich mehr auf jene, als auf die Abhängigkeit dieser von jener gelenkt werden mufste. Bei den Thieren ist gerade das umgekehrte Verhältnifs Hindernifs der richtigen Erkenntnifs der Analogie zwischen Brunst und Menstruation gewesen. Bei ihnen tritt dieselbe entweder sehr selten, ein- oder zweimal des Jahres ein, oder wenn sie sich auch öfter wiederholt, wie z. B. bei der Kuh, bei dem Schaafe, dem Schweine &c., so bringen es die gewöhnlichen Verhältnisse, unsere ökonomischen Zwecke und dergleichen mit sich, dafs dieses Verhältnifs dadurch verhüllt wird, dafs die Thiere entweder sogleich befruchtet werden, oder dafs die Wiederkehr der Reifung der Eier durch die Milchabsonderung verhindert und zurückgehalten wird. Hierin liegt es gewifs, warum die sonst so auffallende Analogie mit einem der gewöhnlichsten Hausthiere, mit der Kuh, gröfstentheils unbeachtet geblieben ist.

Was aber die Forschungen der Anatomen und Physiologen betrifft, so ist in Betreff dieser zu bemerken, dafs sie erstens wirklich einige richtige Beobachtungen gemacht haben, nämlich diejenigen, durch welche die Bildung von gelben Körpern auch ohne Begattung und Empfängnifs bewiesen wurde. Dafs sie aber diese Beobachtungen nicht richtig interpretirten, und überhaupt nicht weiter mit denselben kamen, dieses ist nur ein erneuerter Beweis, wie nothwendig zu einer Beobachtung nicht nur das körperliche Auge und die Hand, sondern auch das geistige Auge gehört, wie nothwendig unsere Beobachtungen von einer Idee, einem Gedanken geleitet werden müssen, wenn sie auch einfache Verhältnisse richtig erkennen sollen. Diese Ideen aber waren nicht reif, sie konnten nicht reif sein, und das Auge auch sonst ausgezeichneter Männer konnte daher nicht durch sie erleuchtet sein. Endlich aber ist gewifs auch die seltene Möglichkeit der Beobachtung hier sehr in Anschlag zu bringen. Nach einer gewöhnlichen, durch Krankheit herbeigeführten Todesart, wird nicht leicht eine solche möglich sein. Die Menstruation, die Reifung und Ausstofsung der Eier, ist zu sehr an die Gesundheitsverhältnisse überhaupt geknüpft, als dafs nicht Störungen in ihr fast allen Todesarten vorausgingen, bei den Sectionen also auch Nichts zu finden ist. Nur nach gewaltsamen Todesarten bei ganz gesunden Personen kann man hoffen, bei der Section die hierher gehörigen Verhältnisse zur Beobachtung zu bekommen. Und wie viele unter diesen werden wieder gerade zur Zeit der Menstruation verunglücken, und wieder wie viele von diesen in Hände gerathen, welche zu so feinen Untersuchungen geeignet sind?

Die günstigsten Gelegenheiten hierzu dürften unzweifelhaft in Zukunft etwaige Hinrichtungen darbieten, bei welchen sich die Zeitverhältnisse auf die erforderliche Weise bestimmen liefsen.

Es ist zum Schlusse nöthig, dafs ich einiges Geschichtliche über den in Rede stehenden Gegenstand hinzufüge.

Man weifs, dafs in dem Gebiete der Zeugung fast keine Richtung ausgedacht werden kann, welche nicht bereits als eine Theorie derselben aufgetreten ist. Die Sache war zu wichtig, als dafs man nicht alle erdenklichen Wege hätte einschlagen sollen. So fehlt es daher auch nicht, dafs frühere Forscher bald hier bald dort Gedanken geäufsert haben, die dem von mir aufgestellten Gesetze mehr oder weniger nahe kommen.

Es ist ferner noch fast nie eine wichtige und umfassende Entdeckung mit einem Schlage ans Tageslicht getreten, sondern gewöhnlich müssen von mehreren Seiten die Elemente geliefert werden, aus welchen endlich eine Wahrheit hervorgeht. So ist es offenbar, dafs alle die zahllosen Forschungen und Erfahrungen, welche in dem Gebiete der Zeugung angestellt und gesammelt worden sind, als Vorarbeiten anerkannt werden müssen zu Entdeckungen, denen wir die endlich erlangte Einsicht verdanken.

Es ist endlich schon oft geschehen, dafs denkende Köpfe, geleitet von allgemeinen Ideen und Analogien, Wahrheiten ausgesprochen haben, die erst lange nachher sich Geltung und Anerkennung verschaffen konnten. Dieses geschah immer und geschieht immer, wenn die directen Beweise einer solchen Wahrheit, welche die ächte Naturwissenschaft stets und streng fordert, fehlten. Dann konnte zwar eine solche Idee sich auch Anhänger verschaffen, allein sie wurde nicht Allgemeingut, und meistens geschah es, dafs sie dann durch weit unrichtigere Ansichten, die eben auch nur auf ähnlichen Stützen ruhten, verdrängt wurde, bis diese directen Beweise endlich geliefert wurden, und so eine objective, nicht subjective Wahrheit in die

Wissenschaft überging. Die Geschichte ist alsdann meist so gerecht gewesen, Demjenigen die Ehre der Entdeckung zuzuschreiben, welcher diese directen Beweise geliefert hat.

Ich wünsche, dafs man den gegenwärtigen Fall nach diesem Maafsstabe beurtheilen möge.

Ich will zunächst hervorheben, dafs das von mir bezeichnete Gesetz jeden Falls, mögen auch noch so viele Spuren einer Erkenntnifs desselben vorausgegangen sein, als durchaus neu zu bezeichnen ist. Ich berufe mich zum Beweise dessen zunächst einfach auf das Bewufstsein eines Jeden, und die Ansichten, welche er aus den vorhandenen Schriften und Lehren gewonnen hat. Dann aber können auch gewifs die neuesten und besten Hand- und Lehrbücher in- und ausländischer Physiologen als gültige Beweise dienen. So berufe ich mich auf Burdach, in dessen Physiologie Bd. I. die Lehre vom Zeugen durchweg aus dem entgegengesetzten Gesichtspunkte behandelt worden ist; namentlich aber mögen p. 536 und 554 als Citate gelten. Man sehe ferner, was Müller in seiner Physiologie, Bd. II. p. 640 über Menstruation; p. 644 von der Lösung der Eier vom Eierstock; p. 647 von der Befruchtung; p. 701 von der Bildung eines gelben Körpers sagt. Desgleichen Carus, Physiologie, Bd. II. p. 418 u. 456. Endlich R. Wagner, Physiologie, zweite Auflage, p. 45, §. 34 und p. 51, §. 42. Von französischen Schriftstellern citire ich Magendie's Physiologie, übersetzt von Heusinger, Bd. II. p. 458 und folgende; und Dugès' Traité de Physiologie comparée, Bd. III. viele Stellen der Partie VI, Fonctions de Propagation. Diese Citate werden hinreichen, um zu zeigen, dafs die vorgetragene Lehre durchaus neu ist.

Durch meine Arbeiten im Gebiete der Zeugung und Entwicklung der Säugethiere wurde ich nach und nach zur Einsicht des Gesetzes geführt, von welchem in diesen Blättern die Rede ist. Die am 11. Juni vorigen Jahres gemachte Beobachtung öffnete mir die Augen, nachdem ich mich lange in den einander widersprechenden Erfahrungen nicht zurecht finden konnte. Im July theilte ich bei einer zufälligen Gelegenheit Herrn Breschet in Paris meine gewonnene Ueberzeugung mit. Dieser hatte die Güte, dieselbe in der Sitzung am 17. Juli der Academie mitzutheilen, in welcher durch einen merkwürdigen Zufall gleich darauf auch Herr Raciborsky seine durch anatomische Untersuchungen der Eierstöcke des Weibes gewonnenen Erfahrungen mittheilte, welche ihn zu annähernden Schlüssen führten (siehe Comptes rendus, Tome XVII, Nro. 3, 17. Juillet 1843).

In der nächstfolgenden Sitzung der Academie erwies Herr Duvernoy, dafs er im Herbste vorigen Jahres bei der Naturforscher-Versammlung zu Strafsburg denselben Satz aufgestellt, ohne indessen eigens in dieser Beziehung angestellte Beobachtungen anzuführen (Revue zoologique 1842, l'Expérience Nro. 319, le 10 Août 1842, p. 89).

Ende August schickte mir Herr Breschet eine Schrift von Herrn Pouchet, Professor der Zoologie in Rouen : Théorie positive de la Fécondation des Mammifères, basée sur l'observation de toute la série animale. Paris 1842, welche mir bis dahin ganz unbekannt geblieben war, wie sie bei dem Mangel buchhändlerischer Communication wohl noch jetzt in Deutschland allgemein unbekannt sein wird. In der Gazette médicale Nro. 36, le 9. Sept. p. 585, erklärte Herr Pouchet, dafs er den Inhalt dieses Buches bereits 1835 in öffentlichen Vorlesungen dargelegt habe, und dieses Buch schon im März 1842 erschienen sei. Durch seinen Inhalt begründete auch er Prioritätsansprüche gegen mich, die er hierauf abermals in der Gazette médicale vom October geltend machte.

Sodann trat Herr Raciborsky in der Gazette médicale Nro. 35, vom 2. Sept. p. 54 und in der Expérience, Nro. 331, vom 2. Novbr. mit Prioritätsansprüchen auf, indem er die Sache in vollem Umfange für sich vindicirte.

Auf alles Dieses habe ich in der Gazette médicale vom 23. September 1843 geantwortet, und komme, durch meinen Ueberzug von Heidelberg nach Giefsen seit Monaten vielfach gestört, erst jetzt dazu, auch meinen Landsleuten meine Entdeckung mitzutheilen.

Ich glaube, Herr Duvernoy, als gründlicher, kenntnifsreicher Forscher in der Zoologie und Naturgeschichte überhaupt, ist nur durch die schlagenden Beweise der Analogie zu der Einsicht gekommen, welche er auch nur mit wenigen Worten ausgesprochen.

Herrn Raciborsky kann ich nur den Theil der Förderung der Sache zuerkennen, um welchen sich auch William Jones, R. Lee, Paterson, Negrier und Gendrin vor ihm verdient machten, nämlich nachgewiesen zu haben, dafs die Graaf'schen Bläschen sowohl bei Säugethieren, als beim Menschen, einer allmähligen Entwicklung und Anschwellung unterliegen, und dafs sie endlich zur Zeit der Brunst wie zur Zeit der Menstruation platzen, und ein sogenannt gelber Körper sich bildet, auch wenn keine Begattung Statt gefunden hat. Mehr besagt Herrn Raciborsky's erste Mittheilung in der Gazette médicale vom 13. December 1842 auch bei der günstigsten Auslegung nicht; und dafs er selbst kein Bewufstsein von dem ganzen Umfange der Wahrheit, die in dieser Aussage lag, hatte, das beweiset am besten seine eigene spätere Mittheilung in der Academie an demselben Tage, wo Herr Breschet meinen Brief vorlas (Comptes rendus 17, Juillet 1843). Später freilich hat er ihr alles das Ansehen zu geben gesucht, was man ihr bei der in Rede stehenden Frage beilegen kann und mufs. Allein diese seine späteren Mittheilungen in der Gazette médicale, der Expérience und einigen andern Zeitschriften, so eifrig sie auch von deutschen Journalen, die meiner mit keiner Sylbe erwähnten, als etwas Ausländisches aufgenommen worden sind, z. B. von der östreichischen medicinischen Wochenschrift, von Kleinert's Repertorium &c., können hier natürlich bei der Prioritätsfrage nicht in Betracht kommen.

Herr Pouchet hat dagegen unstreitig das die Erzeugung der Säugethiere und des Menschen bedingende Gesetz am vollständigsten und umfassendsten von allen mir bekannten Schriftstellern entwickelt. Er hat dasselbe nicht nur in seinem ganzen Umfange ausgesprochen, sondern zugleich durch alle Beweise der Analogie und durch alle über die Menstruation und Bildung der gelben Körper gesammelten und von ihm selbst gemachten Erfahrungen unterstützt, so, dafs ich von diesen Seiten durchaus nichts hinzuzufügen vermöchte, und seine Schrift nur Allen, welche sich von der Richtigkeit der Sache, so weit sie auf diesem Wege erwiesen werden kann, überzeugen wollen, empfehlen kann. Allein er hat durchaus keine eigenen Versuche über die Befruchtung selbst angestellt, noch durch Verfolgung des wichtigsten Gegenstandes der Frage, nämlich des Eies selbst, die unwiderleglichen directen Beweise geliefert. Er hat die Sache im höchsten Grade wahrscheinlich gemacht, aber nicht bewiesen. Er würde Manche für sie gewonnen haben, aber er würde nicht zur allgemeinen Anerkennung der Wahrheit geführt haben. Herr Pouchet glaubt, er habe ganz dasselbe wie ich bewiesen, indem er bei Jungfrauen und Säugethieren, die mit keinem Männchen in Berührung gekommen waren, Eier beobachtet habe, welche eben im Begriff gewesen wären, aus den Graaf'schen Bläschen auszutreten. Es sei daher nur ein kleiner Unterschied rücksichtlich des Ortes, für welchen er und ich denselben Satz erwiesen; er, dafs die Eier während der Brunst im Eierstock reiften, ich, dafs sie in den Eileiter eintreten. Allein wenn man seine citirten Beobachtungen p. 64, 65 und 68 lieset, so kann man höchstens die Ueberzeugung erhalten, dafs er überhaupt Eierstockeier bei nicht befruchteten Thieren gesehen hat; und auch darüber drängen sich lebhafte Zweifel auf, wenn man p. 64 lieset, dafs dieses Eierstockei den vierten Theil so grofs, als ein Graaf'sches Bläschen gewesen sein soll. Letzteres mufs daher höchstens $\frac{1}{3}$ P. L. im Durchmesser gehabt haben, daher kaum für das unbewaffnete Auge sichtbar und also gewifs nicht reif gewesen sein. Dagegen wird man vergebens nach Charakteren suchen, aus denen zu schliefsen gewesen, dafs die von ihm gesehenen Eier reife, zum unmittelbar bevorstehenden Austritte bestimmte gewesen wären, wie ich solche oben und auch schon in meinen früheren Schriften angegeben habe. Zugleich finden sich in seiner Schrift noch zahlreiche Irrthümer, die schon durch meine früheren Beobachtungen widerlegt sind; z. B. seine Loi physiologique fondamentale IV und Loi physiologique accessoire I, nach welchen der Saamen nie bis zum Eierstocke vordringen und die Befruchtung normaler Weise im Uterus Statt finden soll.

Ich glaube mich aber nicht zu täuschen, wenn ich die Nachweisung der Charaktere der Reifung des Eies, und vor Allem seinen Uebergang in den Eileiter ohne Begattung, für den wichtigsten, und ich darf es wohl sagen, auch für den schwierigsten Theil des Beweises halte. Dieses schreibe ich mir zu. Unsere Untersuchungen beruhen auf ganz verschiedener Basis. Ich glaube, Pouchet hat die indirecten, ich die directen Beweise geliefert.

Möge dieses Zusammentreffen der Sache ihr volles Gewicht geben, und möge diese Erörterung nicht als das Bestreben eiteler Rechthaberei, sondern Jedem das Seine zu lassen erscheinen.

Giefsen, Ende Februar 1844.

Nachschrift. So eben erhalte ich noch das Februarheft 1844 von Schmidt's Jahrbüchern. In demselben befindet sich p. 198 ein Auszug eines Aufsatzes von Dr. Argenti in Padua in Omodei Ann. univ. di med. Febbrajo et Marzo 1843, in welchem der Verfasser sich ebenfalls als ein Anhänger des in Vorstehendem entwickelten Gesetzes zu erkennen giebt. Da aber auch ihn nicht specielle Untersuchungen, sondern nur theoretische Betrachtungen der bekannten Facta über Menstruation, gelbe Körper und der Erscheinungen bei Thieren geleitet haben, so ist es begreiflich, dafs er Theils in Fehler verfällt, und z. B. auch das Vordringen des Saamens bis in den Eileiter und zum Eierstock für unmöglich hält, Theils in seiner eigenen Theorie wieder so unsicher wird, dafs er zuletzt damit schliefst, es sei indessen doch nicht nothwendig, dafs bei jeder Menstruation ein Ei in den Uterus geleitet werde.

Kolibri 360 GmbH
Ferdinand-Jühlke-Straße 7
99095 Erfurt, Deutschland
produktsicherheit@kolibri360.de